夾心之苦！

中層危機與企業生存

MIDDLE-LEVEL CRISIS AND CORPORATE SURVIVAL

中層忠誠，拿了年終就跳槽，企業的中空危機

楊仕昇，江天 著

別讓企業只是「即興舞臺」，人才流失該怎麼避免？
重新定義「中層管理者」的角色，企業發展需要他們來推動！

合適的人才培養、優化企業文化、提升員工滿意度……
呼籲企業老闆：請給中層管理者更多重視和支持啦！

目錄 CONTENTS

第三章

高層之惑：誰是適合的人才

第四章

中層之苦：夾心之苦不好受

第五章

高層反思：如何留住中層

第六章

駕馭危機：重視中層管理者

第七章
根治危機：打造最優秀的中層

前言

企業管理一半是科學，一半是藝術。人才是企業眾多資源中最重要、最寶貴的資源，得人才企業才能發展壯大，事業才能興旺發達。中層管理者是企業發展壯大的中堅力量，中層管理者自身素養的好壞、能力的強弱直接影響到企業的生存和發展。可以說，中層管理人員是推動企業發展的中堅力量。一個企業中層管理者個人水準的高低，是中層管理之自身管理價值發揮的關鍵。

不同層次不同職位的管理者，在組織運行中扮演著不同的角色。高層管理者扮演的主要角色是決策角色，確定企業經營的大政方針、發展方向，並對企業的發展進行整體規劃，制定企業規章制度以及進行重要的人事組織安排等。企業中層管理者則承擔著企業決策、策略的執行及基層管理的作用。他們的工作具有既承上啟下，又獨當一面的特點。而來自企業內部，中層管理者與企業高層之間由於管理模式、工作方式、利益分配時常引發矛盾，中層管理者的穩定性常常令企業高層感到擔憂。中層管理者如果對企業高層管理者個人風格、企業策略的不認同或牴觸，很可能導致中層管理者辭職而去，甚至帶走一大批企業的支持力量和技術人才，給企業造成無以彌補的嚴重損失。

面對中層危機，企業高層往往感到十分困惑：中層與企業能同甘卻不能共苦，翅膀硬了就想飛，中層與企業不能很好的融合，許多中層在自認為打下一片江山後，就安於現狀了；另一種情況是只會埋首工作，卻不知道抬頭看未來局勢發展……。

表現出無奈與困惑的不僅僅是企業高層，中層管理者同樣也有自己的無奈與困惑:高層們一般管不到普通員工，有的高層也只是在開全體大會時露個臉，冠冕堂皇的講兩句鼓勵的話，平常遇到員工，心情好的時候會和員工聊聊家常。但是高層管理者對中層管理者往往就不那麼客氣了，安排工作、檢查進度、優化系統……會用各式各樣的方法來考核中層，就怕中層管理者閒著，就怕他們工作量不夠多。當然，高層也有說辭，中層一般都是年輕人，不多擔點責任，怎麼能進步呢？高層在工作上給中層壓力，是在考驗和鍛鍊中層，所以，壓力再大中層也得承受著。

作為高層管理者應該時刻關注自己所在市場未來會發生什麼樣的變化，競爭者可能會採取什麼樣的策略性行動，所在行業未來的發展趨勢是什麼，但是最主要的是要懂得怎樣管理自己的中層管理者。

企業未來決勝的籌碼是反應速度，團隊執行力很大程度上取決於團隊領導人（中層管理者）的領導力與執行力。因此，企業想在未來的競爭浪潮中不被淘汰，高層就要充分認知到中層管理者的重要性，將中層管理者培養成自己的左右手。同時，中層管理者要隨著企業一起成長，一定要提高自身修養，修正自身個性，融入企業運行軌道，充分發揮好中層管理者的職能作用，提高自身的管理水準。只有高層管理者和中層管理者共同努力，才能真正消除中層危機的隱患，保證企業持續生存並發展壯大。

本書以案例加上深入淺出的分析觀點，深刻的分析了中層危機存在的現象，展現了高層與中層面對中層危機的不同困惑，並提出化解中層危機的對策。旨在讓企業高層與中層和諧相處，為企業發展壯大奠定堅實的基礎。

中層　忠誠

拿了年終就跳槽，企業的中空危機

第一章

中層危機：企業又一次面臨冬天

隨著經濟全球化的到來，企業的發展面臨的機遇同時也面臨著嚴峻的挑戰。人才是企業眾多資源中最重要、最寶貴的資源，是企業發展的動力，中層管理人員是推動企業發展的重要力量。中層管理者自身的素養和能力直接影響到企業的生存與發展。擁有一支高績效的中層管理團隊，已成為企業的當務之急。然而，企業歷經三十多年的發展，卻又面臨著一個嚴酷的冬天：普遍缺乏合格的中層，中層危機成為企業成長之困。

何謂中層管理者？

中層管理者是介於高層管理者與基層員工之間的中階管理人員，是直接或協助管理基層員工及其工作的人。

中層管理者位於組織的中間層次，負責業務部門和其他職能部門的具體工作。中層管理者主要負責實施高層管理者制定的總體策略與政策，一般專注於企業短期的規劃與目標，他們不但要完成高層交代的工作人物，還要與組織中的同僚處理好人際關係，並鼓勵自己團隊的員工協助自己完成上級交待的任務。

如果把一個企業比做一個人的話，高層就是大腦，要去思考企業的方向和策略，中層就是脊梁，要去協助大腦傳達到四肢 —— 基層員工那裡。可以說，中層管理者就是企業高層的「替身」，也就是支撐大腦的「脊梁」。當我們有了很好的工作計畫，又有了可行的目標管理的辦法時，剩下的就是如何去執行，即履行計畫達到目標，價值的產生和目標的達成都有賴於中層管理者的執行力。可以說，一個好的執行團隊能夠彌補決策方案的不足，而不管多麼完美的決策方案都會夭折在停滯期的執行過程中。從某種意義上說，中層管理者的執行力是企業成敗的關鍵。

很多中層管理者都有這樣一種錯誤的心態：作為某部門的負責人，主要是對本部門或主管的工作負責。實際上，所謂的中層首先是企業的中層，是企業範圍的中堅力量，在工作中首先應該考慮整個企業的利益。

作為中層管理者，一旦高層和同事從你身上感受到那份堅定的力量，他們肯定就會對你信任有加。反之，如果你面對困難無所適從，連指揮正常的能力都沒有，那麼，在執行過程中完成任務肯定是無從談起的。用美國企業家傑克·威爾許的話：「中層管理者人必須同時是團隊成員與教練，他們的工作是協助而不是控制，他們應該能夠鼓勵、讚美別人，中層管理者必須是充電器而不是耗電。」

那麼，一個合格的中層管理者應該具備哪些素養或者能力呢？據調查顯示，企業高層一般要求中層管理者具備以下五個方面能力：

1. 智力能力。

智力能力可分為概念化、判斷、邏輯思考三方面。

中層管理者的概念化能力是透過能否看出表面上互不相干事件的內在關聯，並從系統的角度進行分析。概念化能力有助於中層管理者把握全方位，並深入的、系統的分析問題和解決問題。中層管理者的判斷力是透過對已知資訊的處理，對事物發展趨勢進行方向性把握的能力。判斷力有助於管理者在進行部門規劃和工作計畫時提高工作效率和準確度。中層管理者的邏輯思考能力是對一些事物進行符合常理的判斷。較強的邏輯思考能力有助於提高中層管理者實際工作行為的有效性。

2. 指揮能力。

無論企業計畫如何周到，如果中層管理者不能有效的加以執行，仍然無法達到預期的效果。為了使部屬有共同的方向去執行制定的計畫，中層管理者的適當指揮是必要的。指揮部屬首先要考慮工作分配，要檢測部屬與工作的對應關係，也要考慮指揮方式。中層管理者的語氣不對或方式不正確都不能達到指揮的目的。而優秀的中層管理者可以激發部屬的意願，而且能夠提升其責任感與使命感。中層管理者要明白：指揮的最高境界就是讓部屬能夠自我指揮。

3. 人際交往能力。

在企業管理中，中層管理者的人際交往能力可分為對上級交往能力、同樣中間階層交往能力和對下屬交往能力。對上級的交往主要是接受上級分配的任務和向上級的回饋。同樣中間階層交往主要是部門協調及部門溝通。對下屬的交往主要是安排工作任務及進行工作指導等。不論是對哪一級的交往，中層管理者的溝通能力都是非常重要的。中層管理者不但要能準確的領會對方表述的意圖，還要能準確的把自己的意圖表述給對方。

4. 管理能力。

管理能力又分為規劃能力和行動能力。中層管理者規劃能力是充分調配現有資源制定達成工作目標計畫的能力，中層管理者應該具有達成本部門工作目標的規劃能力。行動能力是指在工作中採取積極主動的行動策略的能力。在實際工作中，很多事情在行動之前不可能進行百分百的充分準備，這就需要中層管理者能夠在有很多不確定因素存在的情況下，對環境進行客觀、正確的判斷，並採取積極的行動。

5. 自我控制能力。

中層管理者的自我控制能力包括情緒控制能力和自我反省能力。在中層管理者管理工作的路上，最大的敵人其實並不是缺少機會或是資歷淺薄，管理的最大敵人是缺乏對自己情緒的控制。反省是管理的加速器，中層管理者經常反省自己可以去除心中的雜念，可以理性的認識自己，對事物有清晰的判斷，也可以提醒自己改正過失。

以上五個方面的能力正是某知名電器公司總經理張先生的心聲，他說：

「我認為正直是中層管理者最關鍵的一個要素。不正直的中層管理者得不到上司的信任，更得不到下屬的擁戴。」

「不敬業的中層管理者企業高層不會器重，下屬更不會服你。自己對待工作不熱情，遇事太計較怎麼能鼓勵下屬努力工作呢？只有做到比一般的員工更敬業，中層管理者才能得到上司的欣賞和下屬的配合。」

「不能很好總結經驗的中層管理者不是合格的中層管理者。沒有專業知識很難提高業務水準，不能很好的總結經驗也很難提高業務水準。在工作中不斷學習專業知識的同時，更要總結處理事情的經驗。」

「擁有良好的溝通能力。光有實際操作也不行，要學會讓上司聽從自己一些合理的建議。更要學會讓下屬聽從你的指揮。沒有良好的溝通很難展開工作。」

「中層管理者的氣質也很重要。我理想中的中層管理者應該在三十至四十歲之間，外表倒不是很重要，重要的是給人的感覺是協調、不張揚、清爽點、比較精明的那種。性別倒不是特別重要。談吐方面要實在，不要太誇張，更不能太木訥。」

「我認為技巧也很重要，可是我還是把他放在最後，為什麼呢？技巧的運用很難，很多時候把握不好的話反倒是弄巧成拙。我倒覺得很多時候還是實在點好，不到萬不得已不要插手。處理不好的話會被別人認為你人不實在。」

企業頻頻爆發中層危機

俗話說，在人生一帆風順的時候要想到你會遇到麻煩的時刻。其實，企業也一樣，諸如信譽危機、品牌危機、資金危機、發展危機、生存危機……猶如魔鬼一般追逐著企業。相信大家還記得微軟總裁比爾蓋茲告誡他的員工的那句話：「我們的公司離破產永遠只差十二個月。」如同在戰場上沒有常勝將軍一樣，在現代商場中也沒有永遠一帆風順的企業，任何一個企業都有遭遇挫折和危機的可能性。從某種程度上來講，企業在經營與發展過程中遇到挫折和危機是正常和難免的，危機是企業生存和發展中的一種普遍現象。

曾經有一篇文章這麼定義企業危機：企業經營活動的發生總是伴隨著企業與外部世界的交流，以及內部員工與股東間利益的調整行為。由於各種組織與組織之間、個體與個體之間、組織與個體之間的利益取向不同，從而不可避免的導致它們之間的各種利益衝突。當這些衝突發展到一定程度並對企業聲譽、經營活動和內部管理造成強大壓力和負面影響時，就演變成了企業危機。

自美國金融市場震盪以來，國際金融市場掀起巨浪，次貸危機轉化為全球性的經濟危機，進一步波及到世界各國各個層級的企業。所有企業紛紛採取了一系列的措施來應對此次經濟危機，大部分企業採取裁員或者降薪的行動以削減人力成本。有些企業的薪水和獎金削減及裁員範圍涉及到從高中層管理人員到基層員工的所有層級，裁員和降薪成為那個時期的熱門詞彙。全球性的經濟危機已直接影響到了企業對於人力資源的需求及價值重估，這不僅對企業結構整合提出很高的要求，對企業的人力資源策略管理也提出了新的挑戰。

企業在這樣嚴峻的形勢下，人力資源該如何管理？企業高層首先應考慮如何優化人力資源管理來保證企業的競爭力。因為企業的既定目標最終都是透過企業的人力資源與其他資源之間相互作用來實現和完成的。在這種全球性金融危機擠壓下的企業，本來就舉步艱難，頻頻爆發中層危機。

2009 年 9 月，一份知名娛樂報紙的總經理趙先生正式辭職。趙先生加盟這份娛樂報後，在開拓網路業務、會議活動等新業務領域做出了重要的貢獻，被董事長稱為「我最重要的搭檔」。而隨著這份娛樂報在傳媒業界地位的不斷上升，趙先生也成為傳媒經營領域的明星人物。趙先生的離去，顯然意味著這份娛樂報半壁江山的消失。據說這份娛樂報編輯部尚無實質人事變動發生，但是隨著董事長左右手的先後離職，這份娛樂報團隊也正面臨著最終選擇的到來。因為此次辭職的不只是趙先生一人，其中包括副總經理付先生、齊先生以及幾乎全部的中層管理團隊。

有分析認為，這份娛樂報紙經營部門的離職，可能是去搭建一個新的平台，新的架構一建好、資金一到位，當（採訪編輯）人員辭職後，馬上就可以為新的平台工作，中間不會出現太大的斷層。

某位業內人士認為：「這麼優秀的一份報紙、優秀的一個團隊，出現如此人事異動，是所有傳媒人不願意看到的。應該是跟它的管理層的理念、管理的方式、方法有一定的關係。可能是我們傳媒人追求的理想、理念跟資方不一致。在不一致的情況下，（該報中層管理者）他們感到這個平台沒有辦法施展自己的才能，所以就要求離開。可以預料的是，管理者對傳媒的這種管理方式方法、理念的追求、平台的發展方面，如果沒有令傳媒人感到滿意的話，隨時就可能發生衝突。他們集團的那種變動不是現在才開始的，早在 2008 年前，下屬的幾個畫報、網站，已經有一批人離開了。現在，最有影響的娛樂類報紙又發生了人事異動，應該說，在這個集團不是個別現象，這幾家媒體發生了大規模的人員離職事件，管理層在這方面應該有值得反思的地方，對其他的管理者應該有警示的作用。因為我覺得這份娛樂報做得非常好、非常優秀，不論是它的內容，還是經營。出現這種集體辭職，可能是管理層的理念、管理的方式、方法會有一些新的問題要調整，如果不調整很可能以後會出現第二批、第三批集體辭職。」

其實，中層管理者集體辭職的情況，早在十幾年前就出現了。例如：2003 年春節過後，某知名企業總經理徐先生宣布辭職近百天以後，人力資源部總經理、採購部助理總經理、副總經理、財務部副總經理、財務經理相繼辭職，引起企業內部激烈的管理人事異動。

2004 年 4 月，所有的供應商都收到一封發自企業總部的傳真，通知其採購中心十多名員工集體「離職」，該企業和這些供應商業務上的往來都將不再透過這些員工來完成。而該企業採購中心全部員工人數為二十餘人，僅僅在一個半月前，這家全球第三大建材超市連鎖商剛公布了分部總裁李先生被總部解僱的消息，分部的管理中心發生了激烈的人事衝撞。

很明顯，以上四個企業發生了中層危機，此種危機的重要程度應該排在首位，特別是企業中層管理人員的意外離職，有時會給企業帶來非常直接和嚴重的損失，因為他們熟悉本企業的運作模式，擁有較為固定的客戶群，而且離職後只要不改換行業，投奔的往往是原企業的競爭對手，勢必會給原企業的經營和發展帶來較大的衝擊。

人才斷層面面觀

某知名企業董事長有一句名言：「小公司做事，大公司做人，人才才是利潤最高的商品。能夠經營好人才的企業才是最終的贏家。」實際上，他所表達的這種企業經營管理理念是很多成功企業家的成功經驗，已經成為全球企業家的一種共識，在當今經濟全球化的大背景下，人力資源的管理已成為企業管理中的策略重點之一。而大多數的企業在創業期完成後，都會因發展過程中必不可少的「人治」因素而在人才結構上出現「斷層」。

目前，人才斷層問題正在困擾著各行各業。很多在企業面臨著中層告急的尷尬局面。在一家美國儀器公司擔任專案總監的劉先生自從遞交離職報告之後，已經得到總經理的多次挽留，「如果我繼續留下，公司向我支付的年薪比以前提高將近一倍，甚至超過從總部派來的外籍主管。」然而，劉先生考慮再三還是選擇離開，投入一家電信服務業的旗下。

某項調查顯示，擁有國際化背景和外商企業工作經驗、四十歲左右的中高層管理者是最為缺乏的人才。

外商企業服務集團人力資源公司劉經理說：「外資企業這十年培養出的第一批管理人才現在正好『學成期滿』。」他認為，在外商企業任職超過十年，現在大多都已擔任公司部門經理以上的中高級職務，年齡在三十五至四十歲的「首批高階上班族」，是外資企業最青睞的「黃金人才」。第一批從外商企業「畢業」的管理人才屈指可數，對於龐大的中高層管理人才缺口而言更是杯水車薪。

外資企業有人才斷層現象，本土企業也有人才斷層現象。比如新興的物流企業也是缺乏中層管理人員。出色的物流管理人才綜合素養最重要：電子、機械、經濟管理和法律知識必不可少。另外還需要良好的國際視野，熟悉海、陸、空的運輸方式和國際貿易的規則，並要有較強的外語能力和公關能力。造成人們對物流管理人才趨之若鶩的原因，大概是許多人心中所謂的物流「雙高」：高薪水＋高就業率。事實上多數院校培養出來的主修物流人才卻出現了平均薪水較低的現象。造成這種局面的原因，從需求中層管理者的物流企業來看，每一家企業都希望找到有實際工作經驗的人來擔任物流管理人員，要求他們能在全方位角度上駕馭物流，而主修物流的畢業生或者接受物流培訓的人員大多是空有理論，遠遠達不到企業的要求，薪水低也是情理之中；從求職者來看，一些主修物流的畢業生對自己的職業生涯有著太多不切實際的期望，認為自己將來會有份高薪而輕鬆的工作，但物流中層管理人員的平均薪水遠遠低於他們的期望，而且物流是操作性極強的工作，很多時候物流人員都必須親力親為，被稱為「高級勞工」。這種期望和實際的斷層，在一定程度上也成為了他們找工作時的心理障礙，形成了「高不成低不就」的局面。

物流企業到底需要什麼樣的中層管理人才？一些物流企業的高層大多是這樣的說法：要有理論知識（至少得是碩士以上學歷）、管理經驗是必備的（三年管理的從業經歷是少不了的）、最好能有實務經驗（在大型外商企業的物流部門工作過）。問題是，物流在這方面的人才實在是太稀少了。因此，那些物流企業打著年薪一百萬招聘物流管理人才的措施往往是無疾而終。

中層管理者缺乏的現象不止存在於私人企業和外商企業，某一家企業根據企業發展需求，從 2009 年上半年開始，就開出了比同行業高出三萬元年薪的「重金」聘請高級技工，如數控工具機、機械設計等，半年下來，仍然沒找到合適的人選。出現這種情況連「獵頭」公司都無可奈何。人才短缺的現象目前十分普遍。據業內資深人士透露：許多生產型企業，淘汰了一大批技術落後、年齡偏大的員工，可是一些職位還必須在短時間裡找到高技術的專業人才來代替。這類人才之所以缺乏，一方面是因為對他們的要求相對較高，除了得有相關職位十餘年的工作經驗，還要掌握現代技術和管理才能。這樣的人才要能夠帶領整個團隊完成產品的設計、開發，是技術的「領頭羊」；另一方面，國內大學對技術類方面高級人才的培養相對缺乏，許多專科院校出來的學生，都是初級技術人員。至於技術類的碩士、博士培養就微乎其微了。

伴隨著中層危機，企業面臨的一個很大的挑戰就是，適合企業發展的人才正呈現出短缺的狀態。

在一次工業座談會，參加的都是各企業技術副總，一位與會者感慨：「幾年前這樣的會是我們這些人，現在還是我們這些人。六十多歲我們可以來發揮餘熱，現在都快八十歲了，我們還能堅持多久呢？」。

對於大多數工業企業來說，產品與實際應用脫節嚴重。比如說，很多工業設計人員只有專門知識無法跨領域，不管是什麼條件的客戶，只能提供普通的設計和產品。「這實際上是閉門造車」，現在很多企業的所謂設計就是模仿、或是是照本宣科。如果按照這個標準來看，所謂的人才斷層問題，更嚴重的是工藝技術高級人才的缺乏。

某企業技術副總孫先生表示，即使現在開始培養，也要幾年以上才能培養出達到他們這批人水準的人才，需要尋求其他途徑來解決人才問題。

某集團的葉總經理也深為人才斷層所困擾，他說：「第一批人才被挖過來後，就再難吸引新的人才了，而原來的那批技術人員都是本地企業的支柱，一個蘿蔔一個坑，也難流動。」

這種斷層的形成是有多種原因的，在快速成長型的中小企業中非常普遍。其中的一個原因是企業高層管理者具有前瞻的策略眼光、高強的決斷能力、關鍵事件屢獲成功等，這些因素會導致核心團隊其他成員的依賴心理，反正再難的事情有「老大」撐著。這樣的依賴心理，會減弱這些成員的學習能力、判斷能力、決策能力，而更加增強「老大」這個管理人物的責任感，越加激發其的學習意識及學習能力、判斷意識及判斷能力、決策意識及決策能力。長此以往，依照「用進廢退」的生物進化理論，管理人物的個人能力在突飛猛進的成長著，其他成員卻陷入了停滯甚至後退的「成長陷阱」中。核心團隊成員之間出現了個人能力、經營意識、理念的落差，管理人物突飛猛進，他的左右手卻故步自封，核心團隊之間出現斷層就很正常了。這是一種惡性循環。

企業人才斷層，大多數是由於以下兩個原因造成的：

一是規章制度執行不到位。規章制度若執行到位的話，執行層工作成效的好壞應該是由相關考核結果，而不是主管決定，認為誰好誰就好。這樣，決策層、執行層之間的三角交流模式就有了存在的基礎，執行層的管理者會主動的相互溝通，加速各項工作的展開，並且相信自己的工作成果會透過客觀公正的管道反映到決策層，自己的能力及付出不會被埋沒。而一但規章制度執行不澈底，使得執行層管理者對自己的付出和努力能否得到客觀公正的評價與回報產生了懷疑，他們能想到的解決方法就是爭相向公司的決策層，最好是公司的管理人物，直接匯報工作，直接獲得下步工作安排。這樣既拉近了和主管的關係，又使得自己能夠在主管面前直接表現，也滿足了不少主管熱衷於聽匯報的嗜好，一箭三鵰，執行層無不「爭先恐後」。

二是裙帶關係關係難以協調。「皇親國戚」、「空降部隊」在很多企業都存在，由於背負著公司主管親戚、外部重要社會關係的種種深厚背景，中層管理者有時想要真正推行制度管理，也要考慮這些人的強大能量。若這些人通情達理水準高一點的可能還好說，他們懂得規章制度對企業的重要性，遵照執行就是了；若是這些人不講道理那就不好辦，弄不好中層管理者要讓被管理的人「修理」一頓。得罪人的事情不好做，讓自己難看的事也不好做，起先是相互推諉，事情遲遲得不到解決，無奈之下還是讓主管自己解決，中層管理者平行協調功能就喪失掉了。

難以處理裙帶關係幾乎是中小企業的通病。除了縱向斷層外，處理不好還會導致一種更加致命的橫向斷層：企業員工對公司「公」的懷疑。處理好的話在企業初創期也是為企業的發展做出了很大的貢獻，比如說：不講待遇、工作負責、忠誠度可信度高（針對「皇親國戚」），協調與相關部門的關係，節約大量的時間成本等（針對「空降部隊」），但隨著企業的發展，裙帶關係更多的是牽制了企業的腳步。

中層危機的危害

隨著市場經濟的發展，近年來各個企業人才流失嚴重。所謂人才流失，是指在一公司內對其經營發展具有重要作用甚至是關鍵性作用的人才，非意願的流走或失去其積極作用的現象。人才流失存分為顯性流失與隱性流失，顯性流失是指部門的人才因某種原因離開公司另謀高就，造成該部門的人力資源管理困難，從而影響其經營發展。隱性人才流失則是指部門內的人才因激勵不夠或其他原因影響而失去工作積極性，其才能沒有發揮出來，從而影響公司的經營發展。

人才流失已成了市場經濟的常態。跳槽往往是企業間人才正常流動的表現，但是從企業的角度出發，如果這種流動過於頻繁，必將給企業帶來負面影響。一旦企業中非常重要的中高層管理者頻繁流失，將是嚴重的衝擊。

眾所周知，有些企業因其機制靈活、有較大的經營自主權，因而在人員招聘、薪水體系、員工辭退等方面均有較大的靈活性，使它在獲取和擁有優質人力資源上比其他企業有更大的優勢，但是在這種優勢下，也隱藏著一些問題。比如，有的企業高層認為；他的企業在任何時候都可以招到需要的員工，因此不在乎員工的高流失率，不計算員工流失造成的人力成本的增加以及因此帶來的其他深遠的負面影響。這位高層不知道的是，雖然企業人員有合理的流動是正常的現象，也是必要的，但是企業員工流動存在不合理性。一是流失率過高，如有的企業已高達 25%；二是流失人員中有較大比例是中高層管理人員和專業技術人員，這些人具有特有的專長，有豐富的管理經驗，是企業的中堅力量。因此，員工高比例流失不僅帶走了商業、技術祕密，還帶走了客戶，使企業蒙受直接經濟損失。而且，增加企業人力重置成本，影響工作的連續性和工作品質，也影響在職員工的穩定性和效忠心。

人力資源是企業最重要的資源，人才的流失直接導致企業人才數量不足。高水準人才空缺是當今企業不得不面臨的挑戰，技術人才、高級管理人才往往引起企業高層的注意，但是中層管理者的流失往往被他們忽略其重要性。許多企業的做法是，哪個中層職位缺人，馬上內部提拔。好多企業對於中層管理者側重於內部培養，當然有的企業也會透過外部招聘。我們看到企業的絕大多數職位不會是虛席以待的，企業裡都是「人才濟濟」的。然而，內部培養也好，外部招聘也好，中層危機對企業的隱形傷害依然是十分可怕的。

中層管理人才流失對企業來說是一個致命的損失，因為這不僅削弱了企業的力量，也強化競爭對手的力量。而中層流失會帶走整個團隊或帶走大批下屬及帶走大量的經驗和技術，甚至是企業的核心機密。中層管理人才流失輕則讓企業傷筋動骨，重則讓企業一蹶不振。如何扭轉中層管理人才流失的不利局面，是事關企業生死存亡、急待解決的一個重大問題。

成功創業的發展模式一般都是典型的「雁陣模式」，企業的發展動力主要來源於企業高層的前進動力。在企業還處在創業期的狀態時，企業內部人員數量較少，外部資源相對比較單一，協調性工作不大。這時，企業高層的個人管理幅度還是非常適合「事不分大小，面面俱到」的工作風格。而且，這樣的工作風格還減少了說服不同意見所要浪費的時間，團隊目標能夠很快的得到統一，只要高層的個人能力與企業目標匹配，工作效率與效果都可以達到企業預期的目標。

然而，當企業完成草創初期，開始向「做大做強」目標邁進的時候，企業內部人員數量迅速增加而使協調性工作也變得沉重不堪；外部資源不再單一，變得越來越龐雜。這時如果企業高層還「事必躬親」的話，不僅問題不能得到及時有效的解決，還會使因「分工」而出現的指揮鏈斷掉或短路。但是，由於中層「斷層」的存在，核心團隊的其他人員不能有效承擔各自分管的工作，這就使得企業高層不得不停下手中的工作來調整整個團隊前進的步伐，是中層「斷層」扯了企業發展的後腿。

有的企業高層為了解決中層管理人員「斷層」問題，往往會選擇請「空降部隊」助陣，這也是一種銜接斷層的方法。但是這樣的方法一般會受到其他中層管理人員的強烈抵制，原因其實很簡單：雖然現在工作上存在問題，這些「元老」們都承擔了創業時的風險。在初創的時候，企業究竟會發展成什麼模樣，恐怕沒人說得清楚，可是這些核心成員卻為了這個企業走到了一起，也為了這個企業的發展，餐風露宿付出了不少辛勞，他們在抱怨時經常講的話是「沒有功勞還有苦勞，沒有苦勞還有疲勞」。現在企業取得不少成績，如果沒有取得成功，這些「元老」們的付出就無處補償了。這樣的理由的確會在中層管理者中形成某種共鳴，無形中使這些「元老」們結成了一致對外的「統一戰線」。再優秀的中層管理人員在這樣的環境下，恐怕也是無法發揮作用的，「空降部隊」選擇離去實在是無可奈何的「明智」選擇。

中層管理人員的「斷層」問題必須要得到妥善解決，否則，企業勢必會導致發展速度降低，甚至會影響到企業的生死存亡。

而什麼事情都需要企業高層來協調，增加了高層的工作強度，在工作時間有限的前提之下，勢必會分散高層對企業發展的相關重大問題的思考時間，這就增大了企業持續發展的風險。企業發展了，收入與支出都在成長，大量資金進出使得企業決策的實施所引致的後果會更大，很多企業的死亡就是由於資金流的斷裂而引發的。而慎重決策的第一要素就是充裕的時間，尤其是企業高層的時間。

在一個快速成長的企業裡存在「中層管理者斷層」是很正常的，但是必須引起企業高層的高度重視，透過科學合理的方法加以解決中層管理人才危機，否則，企業將面臨生死存亡的嚴峻考驗。或許你會發現：離開企業的往往都是能人而不是普通人。究其原因，是企業的高層沒有把企業組織、中層管理者和外界環境很好的協調起來。

中層危機對企業員工的心理和企業整體工作氛圍的影響也是不可低估的。中層管理人才離職的「示範」作用，會使企業員工心態不穩、士氣低落、工作效率下降。如果企業這個時候的人力資源管理存在缺陷，員工平時情緒累積較嚴重，就有可能發生員工集體離職潮，禍及企業全面。

中層管理者流失給企業造成經濟上的損失是不可避免的。離職中層人員的招聘成本、培訓費用、薪水維持費用等，以及人才重置成本是企業必須承受的。據研究顯示，在中層管理人才流失後，重新招聘和培訓人員替代，其費用是維持原人才所需薪水的 2.8 倍以上。

如何看待中層危機

中層管理者通常被稱為「黏合劑」，在企業裡是承上啟下的橋梁作用，是連接總經理和基層員工之間的橋梁。不管是處於經濟的繁榮還是衰退期，他們都是負責執行公司策略，推行組織變革，並且推動基層員工積極參與公司建設的中堅力量。

很多公司的中層管理人員流失率非常高，導致公司的策略不能得到很好的執行。企業高層可以將所有的時間花在策略制定上，但是如果沒有人來執行這些策略，那制定這些策略又有什麼意義呢？除了策略執行的問題以外，對公司而言，中層管理者的流失成本也非常高。例如，美國一家面臨 20% 流失率的合夥制公司曾進行計算，發現流失率每降低一個百分點，公司合夥人的收益就可以增加八萬美元。如何吸引、發展並留住中層管理者是非常重要的事情，一些公司在經歷了慘痛的教訓後才逐漸意識到這個問題。

如果企業不能很好的管理中層管理者，他們將會面對一批「冷漠的」中層管理者，並且產生「低士氣和低敬業度的惡性循環」。企業高層不管經濟環境是好是壞，都需要打造一支有活力的執行團隊，並且推動中層管理者往前發展，因為他們正是公司決策的執行者。

這些中層級別的人員扮演著非常重要的角色。中層管理者對策略和全方位進行詮釋和傳達，使這些策略對基層員工來說更易理解和更適用。與此同時，中層管理者會注意到基層員工的需求，對客戶交流和基層活動進行觀察了解，並且將這些資訊回饋給企業高層。除此之外，他們也是企業高層和基層員工之間的「緩衝帶」。既然中層管理者如此重要，那為什麼他們會覺得不滿意並且想離開公司呢？一個主要原因就是缺乏發展機會，特別是當公司縮減規模，企業高層通常會對中層管理者開刀。但即使公司只是發展停滯不前，中層管理者的發展機會也很有限，這對他們打擊也是很大的。

中層流失的另一個原因是缺乏晉升空間。當中層管理者在職位上待了多年之後，職位升遷會越來越慢，機會也相對越來越少，對於企業「沒有新鮮感」，發展碰到了事業的天花板，明明看到高層的職位，但中間隔著一堵玻璃牆，可望而不可及。欲上不能、欲罷不忍。常常處於一種非常尷尬的境況。這些已經擔任中層管理職位的人開始想找尋外面的機會。這在家族企業更為明顯，很多家族企業的高層常常被家族成員所壟斷，外人在企業做到中層以後，想往上升遷就很困難。因此，中層在這樣的企業只能是原地踏步，待一段時間就離職的現象很普遍。但是這些有豐富經驗的中層，正是那些高速擴張企業的搶手貨。所以，不少在原來企業發展陷於停滯的中層，到了高科技企業、高成長企業後，就過得如魚得水。

不管中層管理者是否立志成為執行長，他們會需要一個發展計畫，能讓他們進入另一個更高的級別。如果中層管理人員認識到自己有發展的機會，那麼相比於那些將員工固定在某個職位，沒有關於提升的發展計畫或者相關討論的公司，他們會更願意留任。有時，即使是同樣中間階層調動也好，因為那樣可以增加工作經驗。

如果中層管理者沒有處在一個快速發展的道路上，或者不確定自己是不是還會繼續留在這家公司工作，一般更容易被競爭對手所吸引。中層管理人員對工作不滿意的其他主要原因還包括企業高層事必躬親，以及對他們缺乏尊重等。

還有一種情況就是中層管理者沒有任何許可權，卻要承擔所有的責任，這些中層管理者必須在與企業高層打交道上遊刃有餘，並且還要能有效的對一般員工施加影響，這項任務非常複雜，也容易讓中層管理者遇到挫折，因為要實現這個目標通常並不是僅靠彼此之間的關係就能達到。

薪水在市場經濟的作用怎麼強調都不過分，尤其是對於還處在市場經濟初級階段的中層管理者來說，所有的人都會注意薪水，無論是高層還是基層，只不過側重點不一樣而已。薪水不僅是人才賴以生存和發展的經濟基礎，更是代表了企業對人才價值的評價。只要對方開出兩倍於你的價碼，你再怎麼強調公司文化、發展空間等用處都不大。這時的企業文化留人、感情留人等，在金錢面前都會顯得蒼白無力。如原來在某集團的徐先生，跳槽到外商公司之後，薪水翻了二十倍。因為薪水低而人才流失的情況在中小企業身上最明顯。傳統中小企業受到跨國公司和大企業兩方面的人才爭奪。這兩類企業開出的高薪常常使中小企業大批流失員工，讓中小企業成為人才的培訓基地。

企業文化包括兩個方面，硬的制度和軟的文化。在制度方面，如果企業有能夠獎優懲劣，讓優秀人才受到獎勵，那麼企業的人才流失就會很少。反之，做好做壞都一樣的平均主義，沒有科學公平的獎勵標準，一人做事兩個看，還有三個在搗亂。那麼企業肯定留不住人才。在文化方面，企業管理一言堂，論資排輩、裙帶關係關係嚴重或者高層作風嚴重，說一不二，開口閉口責罵，甚至辱罵員工，都會讓人才產生叛逆心理。管理差、企業文化差的企業，常常會頻繁的流失員工。在硬的制度方面，有些企業的人才因此嚴重流失；而在軟的文化方面，很多企業就表現得不合格，總經理的意志高於一切，甚至高於法律，讓許多無法忍受的中層管理人才離職而去。

企業薪水和企業文化是留人的基礎，不管職位高低，任何人都會因為對這兩方面不滿意而離職。當然，不同的人會有所看重，越到高層，對薪水的在意程度越低，越注意文化發展等軟環境，而越到基層對薪水的在意程度會更高。而所有中層管理人員對不良的企業文化不抱任何好感。

在薪水和企業文化兩個方面，企業必須有一個能達標還能勉強吸引或留住人才的地方。或者是薪水高，讓中層管理人員看在錢的面子上，先將就著待在企業，以後再考慮離職；或者企業管理人性化，讓員工覺得公司有家的感覺，讓部分重視工作氣氛、看重人際關係的中層管理人員不忍心離去。如果這兩個方面都不達標，薪水低、管理差，企業還指望能留住人才的話，只能依靠奇蹟出現了。

除了客觀原因之外，中層管理人才流失還有其自身的綜合考慮。如果自身的願望與企業的供給不一致，企業遲遲不能滿足人才要求的話，人才的流失就是早晚的事情了。從大的方面來說，不同層次的人員有不同的需求點。高層注重經營理念的統一、中層關注晉升的空間、基層更關心發展機會了。因此，高層流失更多的是價值觀的分歧；中層多是遭遇到事業的天花板，而基層的發展機會太少，導致他們紛紛拂袖而去。

中層管理人員主要是因為經營理念、發展方向和企業意見不統一而導致分道揚鑣。「道不同，不相為謀」，越到中層越看重合作融洽和雙方價值取向的一致。當企業發展到了一定層次後，尤其是高速發展需要跨越的時候，這時對未來的發展就會產生嚴重的分歧，守舊的人員願意就此罷手，而奮進的人還想更上層樓。彼此分歧達到一定程度，就會產生團隊的分裂。另外，當一個不熟悉的外人進入高層後，雙方的價值理念、經營作風就會產生很大的摩擦，如果不能及時有效磨合，到最後只能是外來者出局。這也是多家跨國公司中層空降傳統企業後因為水土不服，最後只能飲恨而歸的原因。

如何理解中層危機

當企業一旦出了問題時，企業總經理首先想到的就是人的問題，可是換來換去，沒有幾個高層認為自己的中層管理者是稱職的，人是越換心越浮躁，什麼管道都用上了，還是沒有找到合適的人才，於是就形成了如下的惡性循環。

在企業創業階段，缺少的是能盡快帶來利潤的銷售、專案管理人員，也就是能創造第一桶金的人。成長階段，缺少品牌創意宣傳、內部管理、市場公關人才。創新階段，缺少執行、策略創新人才。

企業創新的過程有坦途也有坎坷，有成功也有失敗，因此，營造寬容的企業氛圍非常重要。美國國家導彈防禦系統首次全面測試以失敗告終後，到目前該專案的試驗已進行了八次，其中五次成功，三次失敗，即便是這樣，他們的研究工作也沒有一天停止過。當英國研製的第一個火星登陸器「小獵犬二號」變成了英國太空探索史上一次失敗的紀錄時，領銜該專案的科學家科林· 皮林格不僅沒有受到來自同行或其他人的人身攻擊，相反，英國皇室成員認為皮林格表現了英國人堅忍與獨創的品格。對於政府機構如此，對企業來說是一樣的。寬容創新型人才的個性，寬容創新型人才的不足，甚至寬容創新結果的失敗，這既是對科技創新的極大支持和鼓勵，也是一個企業優秀文化傳承出來的時代精神。

從時間角度看中層危機，因為企業發展階段、時機的不同，最需要的中層數量、能力、重點也有不同。從類型方面看，企業性質、行業、規模，高層管理模式不同，需要的中層或容易出現不合格中層的部門、職位不同，差異也不同。從高層看中層、中層看高層兩種角度的鮮明觀點來看，危機的原因、危害、評價傾向又會不同。高層會偏重整體企業利益立場，中層則偏重個人利益立場。高層認為中層難找，不合格；中層認為左右為難、不受信任，每個人都有自己的角度和說辭，每個人都委屈難解。

目前，很多企業重視人才的具體做法就是普遍的把人事從管理部門獨立出來，成立人力資源部，這樣就把人力提升到企業策略發展層面。這個人力資源部全部是從外部招聘的專業人士，嫌國內就業人太普通，就不惜重金聘請留洋歸國的做人力資源的主帥，高薪打亂了企業一貫平衡的薪資結構，經理們心裡難免不平，帶著情緒的中層管理者是不會積極配合其他部門的工作的，擅長的就剩下找碴、找藉口了。

對企業來說，儘管中層危機是極其普遍的現象，「花錢去買技術、單純依賴引進，很容易導致國內技術人才的流失。」著名科學家曾經這樣鞭笞道：「大學培養了大量人才研究晶片，80-90% 跑到國外去了。」於是就有一個這樣的邏輯：「花高價培養的人才流到國外，去外國企業創新科技，然後這些跨國公司再來本地開分部，利用其創造的智慧財產權發大財。」而科技管理的行政化更是企業必須深刻反思和修正的環節。相當數量的科技活動都要經歷「立案、申請、研究、報名、評獎」的繁瑣行政過程，使得人才的評價、選拔、流動受到一些非科技專業人員的影響，不可避免的壓抑了科技人才的創造力。

企業正在做的事情是很多的。相當多的企業高層本希望從人力資源入手解決人力問題，或者從部門主管的汰換來解決管理階層問題，以至於最後透過挖其他公司的人才來解決自己公司的執行問題，最終結果是不堪回首。

某知名工業企業在市區推廣產品，銷售情況一直很普通，但是競爭相當激烈。聽說區域性銷售作用很大，於是總經理指示：公司新的機械線獨立設置行銷團隊，要做區域性銷售。於是就從其他知名非企業挖來一個區經理。於是三年下來整個團隊幾百人，帶來空降部隊，後來年虧損三千多萬元，業績反而下降了。

曾有一家營業額在幾億的外資企業，總經理從好幾年前就開始在人力上進行人力儲備策略，高峰時候分部約三十個經理，其中二十四個是外招的，每次開大會，總經理都很自豪，後來這種人才本土化的汰換策略沒有拯救業績徘徊的局面。於是從 2003 年下半年開始，總經理居然採取了人事凍結的措施；不再使用公司外部人，一律進行集團內部的人才提拔政策。結果人才的流動還是很大。

這種忽冷忽熱的運動型策略對企業原來秩序的衝擊是不言而喻的，造成的是人心的劇烈動盪，這也和企業家的「人治」思想是分不開的。

另外一個案例是：某公司的銷售經理先坐飛機出差，然後坐火車、汽車，一座城市一座城市的去拜訪客戶，二十天後才能回到家，稍事休息後，又接著繼續去飛下一個循環，工作非常辛苦。他說剛加入公司的時候，公司寄給他一個小包裹，太太打開包裹一看，裡面是一個寫著他名字的水杯，太太很感動。這真是公司不一樣的地方，因為不管是難做還是容易做的時候，公司首先考慮到的是把員工當「人」來看待，並透過家屬的支持和鼓勵來影響員工。

這種人文的關懷要成為公司的一種價值觀，而不是做些活動大家熱鬧一下，換一個高層就變了。員工最不喜歡有的總經理認為汰換人員很容易，抱持這種態度的總經理對公司的業績有很大的殺傷力。

有的總經理頻繁換人的一個重要思考就是人才決勝一切，只要找個有能力的人，什麼問題都會迎刃而解，於是很多企業都經歷過「空降部隊」主導一個部門的情況，結果除了巨大的運作成本以外，就是產品和政策的不斷變化，事業部面臨一個千瘡百孔的局面，整天疲於奔命拆東牆補西牆。

如果把人放在整個經營環節內部來看，其實與其他資源一樣，沒有差別，正如靠產品一個要素解救不了全部經營問題一樣，單純的人力其實對整個問題的解決意義是有限的，企業總經理需要反思的是自己企業的每個環節，環境如此，再好的人才也只能是一事無成。當然也存在那些百折不撓的人才，但是數量並不多。

如何管理中層

一個生產中藥的企業在不足三年的時間內市場翻了十倍，利潤很高。但是企業總經理發現：70% 的區經理都存在嚴重的竊盜問題，據說有的挪用幾千萬貨款去炒房地產。總經理要求員工絕對忠誠於企業，於是總經理下令封殺查抄這些區經理，甚至一位經理被判刑入獄。整頓之後，企業業績從此一落千丈，本來每月七千至八千萬元的業績跌落至每月只有一千五百萬元左右，其他各區都出現巨大落差。中層管理者整頓好了，企業再招聘時發現沒有人來應聘了，以前的重臣也大半離去。

有無執行力主要看一個公司的執行文化，很多公司的問題可能出在從策略決策到具體執行內容的轉化上，也就是想法變成做法的轉化過程中，可能是決策層變化太快、太劇烈，可能是中間層缺乏積極動力和足夠的創新力去指導執行層面做事，執行層面則由於資訊缺少、理解偏差導致積極性挫折等等。

過分強調執行力的後果是高層和中層，中層和基層的矛盾或者不信任越來越嚴重。這裡有兩個問題：你沒有用對人和用人的環境是否合適。某醫藥公司在兼併、託管一部分企業之後，就大規模招聘醫藥行業的職業經理人集中培訓，然後全部分發到鄉鎮去開發農村一般用藥市場。後來當天晚上就打回求救電話，說他們找不到可以住宿的地方！這是用錯人的典型，職業經理人不是用在這裡的。同樣如果讓一群二十多歲的年輕人去跑業務，也會導致效率不高、無法管理、費用不夠的問題。而如果用四十多歲婦女去就能收到意想不到的效果。

很多公司總經理認為企業經營狀況出現問題只是執行層面的原因，結果使企業的問題越積越嚴重，人力成本也會越來越高。

某公司有一個中層，他在被某間學校退學後創業，結果失敗，他當時找的是廣告和企劃公司，他們都要的是大學和碩士畢業生。每一個企業一聽到他的學歷後，總是不接受。後來，總算有個小廣告公司勉強試用了二十天後委婉的把他辭退了。他當時看到報紙上有一外資公司招聘市場主管，覺著自己可能適合這個，於是就開始準備。

他花了一個多月時間把可能的市場跑遍了，寫了整整四十七頁的市場調查研究報告和職位認知，以及市場特徵分析，最後和履歷一起寄過去，結果很快就來邀請他直接到總部工作。他當時有點害怕，最後還是硬著頭皮去了，從一般的小職員一直做到中層管理者。

其實，很多人都遇到過這樣的例子，這不但是一個人職業規劃和自我規劃以及定位的問題，更是一個怎麼認識人本身和怎麼用人的問題，以學歷為主要衡量指標的情況出現一些規律：小公司特別注意，而中型企業則相對要寬鬆一點。中型企業一般從人力上來說需要一些新的發展人才，而小公司為什麼那麼執著的非要用大學以上學歷呢？這是值得很多企業深思的。

以上羅列的企業用人的現象只是企業管理中的很少一部分的現象，用人失敗或者人力績效低下的一個根本原因是我們只是在想法上認同這個人的特質，但是在用人的時候就忘記了。

用人沒有彈性的話，人也就沒有積極性了，所以企業就會產生很多抱怨和分歧。

從很多事件本身我們可以看到關於人才的認識和使用的問題。企業不懂用人的種種跡象顯示：企業不知道人力價值是分區的。

其實人的特質有很多面向，有的人是「看菜吃飯」，有的人是「到哪座山上唱哪首歌」。這是特質的具體特徵，同樣企業用人而不用機器的原因就是要用這種差異性，機器永遠代替不了人，但是人卻可能被當成機器那樣被看待並被使用。

作為一個企業不同層次的管理者，你是否真的了解你的部下？你用人是基於怎樣的認知標準？不同的職位你怎麼任用不同的人使之工作勝任？作為一個企業總經理，你怎麼隨著企業的發展而不斷的變換你的人才策略——你要用什麼樣的人？

其實無論是企業內部還是企業外部那些應聘的人，他們90%以上都是可以發揮很高績效的，問題是怎麼讓有的人成為全才，有的人成為有一技之長的偏才。當然參加工作的人的需求和工作動機是很複雜的，但是我們仍然可以找到一些具體的分類標準來指導我們的認知和使用過程。

一個企業用的人無論多少，按照時間價值和專業價值都可以分成四類：職業型、學習型、工作型、就業型。不同類型的人適應的工作是不一樣的，這些分類是基於人的基本需求進行歸結的，上面說的業務拜訪的人不能用年輕人是有原因的：年輕人需求多、成本高、不安分、不好管理。業務拜訪就是沒話找話說。時間長了，年輕人不能勝任，而讓四十歲左右的阿姨做就沒有這些問題，她們能找到話題，而且相對穩定，實踐證明這是很有效的方式。

用人是與企業的策略設計結合在一起的，比如一個以品牌為獲利模式的企業在人事管理上就要用職業型和學習型的，而一個以低成本快速擴張市場為設計的企業就要多用就業型的人力，同時相關經營環節都要適應這種人力布局。

某啤酒企業就是走這樣的道路，連行銷副總都沒有底薪，全部靠抽成獎金，企業該用人的地方絕對不用機械，企業管理系統極其簡單，財務連一般帳都沒有建立，因為企業的人根本就沒有銷帳專案，全部自己墊付。整個企業年獲利幾千萬，產能也從十幾萬噸快速擴張到四十萬噸以上，使很多知名的啤酒企業都自嘆不如。這個企業就是把人力作為一個經營要素，而在所有經營環節中進行匹配，真正做到了低成本。

很多企業也強調規模效應，但實際上很難真正做到低成本，人力配置的不合理是相當關鍵的原因。人的問題其實不是人本身的問題，更多的是認知和使用的問題，認知和使用的前提是企業的商業模式設計，什麼樣的模式就有什麼樣的配置標準，什麼樣的人力類型就必然產生什麼樣的用人環境。

企業之痛

企業為了在激烈的市場競爭中占有一定的優勢，往往花費了大量的精力和財力去培養人才。結果卻沒有跟上配套的其他留人政策，造成人才流失，反倒成了別人的培訓基地。對於還在成長中的企業，過高的流動率不可避免的帶來招聘成本的提高。據統計，因為員工流動導致對新員工的成本支出將是原支出的150%。不但人力資源和管理人員重複工作，加大工作量，還得多花 50% 的錢，這等勞民傷財的事其實很不划算。

有的企業在招聘員工時打出了「只招有用人才，不要高級人才」的口號，但是並不能制止人才的流失，往往是公司的中層管理人員和骨幹在別人的帶動下集體出走，或是在一部分人的帶動下分批從企業離開，這一點就很像我們經常所說的「多米諾骨牌效應」，主要有以下四種方式。

1. 拿了年終就跳槽。有許多中層管理者在應聘的時候往往不選擇公司的好壞，而是看準了其他好處，其目的是先求有再求好，表現出這些人對自身發展缺乏長遠的考慮，還有的人不是為了年終，而是為了有好看的履歷。

2. 身在曹營心在漢。有些人雖然有自己的工作，但是一直認為所在的公司裡面沒有歸屬感或認同感，與企業文化也很難融合，即使經過了很長時間，也不能適應工作的環境。前幾年，某企業機床廠總經濟師、總設計師和總會計師三個棟梁同時跳槽到另一家企業。三總師的跳槽在機床廠引起極大的震撼，接著機床廠的設計部門、經營部門以及裝配工廠的五十餘名業務人員也在兩個月內跳槽到三總師所在的公司。

3. 這山望著那山高。無論一個人在什麼樣的環境中，如果時間長了就會產生厭煩的情緒，而相對於其他企業，在沒有進去之前，往往看到的盡是優點，而沒有看到這些企業固有的缺點，即使企業給予了充分的重視與薪資，還是想到新的環境發展，而當這一想法根深蒂固的時候，就很難留住這些人的腳步。

某著名網站曾經輝煌一時，並成功在美國那斯達克上市。但是好景不長，隨著網路經濟冬天的來臨，不久就被那斯達克摘牌。在這次摘牌之後，走了一批人。在網路經濟瘋狂成長成長時期，跳槽者更是不計其數。

4. 難敵橄欖枝的誘惑。有些企業為了招到急需的人才，採取挖牆角的策略，由本企業的總經理或是委託獵頭公司四處挖人，尤其是與自己有競爭關係的公司。某網路集成公司的人力資源經理說：「我們公司的技術人員，有的剛做一年半，就有外商企業委託獵頭公司找上門來。」某光學儀器公司的總經理訴說了自己的擔憂：「不久前公司主要的科技部員工均收到了獵頭公司的電話，稱某國外專門生產交通攝影系統的公司願出高出目前一倍的年薪請他們過去。」這些外國龍頭公司實力強大，獵頭公司又無孔不入，已經多次在各種場合與本公司的人才進行溝通，致使不少科技人才流失。現在獵頭公司已經走出了當初的發展期，正在走向成熟，對所在行業的高級人才有了比較詳細的了解，並且定期回訪這些人，一到有需要的時候，他們就會在委託方的授意下採取挖人策略，由於他們有著較專業的人力資源服務與豐富的經驗，那些高級人才往往就成了這些獵頭超級利潤的來源。

流失研究科技的高級人才對於一企業長期的策略發展有著極其重要的意義，如果企業沒有足夠的人才儲備，就不能保證人力資源的連續性，更不用說提高企業的核心競爭力，所以在企業的人力資源管理中要採取積極的人力資源策略，防止骨牌效應的出現。

員工的流失，特別是中層管理人員的流失，對企業造成的損失並非不能量化統計。這裡有個員工流失成本統計的公式——「流失成本＝顯性成本＋隱性成本－抵扣額度」。哪些屬於顯性成本？第一是招聘成本，主要有招聘廣告刊登的成本、獵頭費、招聘人員的薪水。第二是培訓成本。第三是人員加班補償。第四是臨時替補人員的薪水。而哪些又屬於隱性成本呢？客戶資源流失、公司名譽受到的損害、商業資料流失、對其他員工造成的心理影響等都屬於隱性損失。至於「抵扣額度」的概念指的是什麼呢？如員工離職後，發現其他某些職位可以合併，就減少人力成本，提高效率。再比如，新招的員工可能績效比離開的員工好。這些都從成本中抵扣。但無論怎麼抵扣，這個公式計算出的值總是為正，充分說明員工流失弊大於利。

解決這一問題的最好方法是以充分滿足員工及相關群體的需求為基礎來做好人力資源管理工作，當今的經營環境中取得成功的關鍵是，要在滿足投資者需求的同時，還要注重滿足其他利益相關群體——其中包括顧客、員工以及社區的需求。對於企業來說，透過滿足員工的需求來達到自己的財務目標確實是一個挑戰，成功的企業往往都是透過人力資源管理實踐來對員工進行有效的激勵和提供適當的薪資，從而生產出高品質的產品或提供高品質的服務。

第二章

危機源頭：痛苦的根源是這樣造成的

對於一個大中型企業來說，培育中層管理人才團隊和培育市場同等重要，兩者必須同步進行。如果不提前培育中層管理人才，沒有中層管理者人才的儲備，一旦公司遇到發展機遇急需人才的時候，問題就出現了。「用不好人，留不住人」雖看起來是老生常談，卻不可忽視。來自企業內部中層與企業高層之間的管理抉擇、工作方式、利益分配的矛盾，特別是在企業策略轉移、企業業績走下坡，或高層更迭、待遇不理想時，中層管理者的穩定性常常令企業高層堪憂。中層因對企業高層個人風格、政策策略的不認同或牴觸，對公司待遇的不滿，很可能最後跳槽，甚至帶走一大批技術人才，給企業造成大面積人才斷層。

時間原因

有資料顯示，企業因發展階段、時機的不同，最需要的中層的類型、數量、能力也有所不同。如創業期缺乏銷售類人才，成長期缺乏內控類人才，穩定期缺乏創新類人才。

中層管理人才流失會對企業的產生一定的消極影響，特別是對處於創業時期的企業來說，中層管理人才的流失更是滅絕性的打擊。中層管理人才流失率較高往往阻礙企業凝聚力的形成。由於任何企業內部都存在員工間的相互交流與合作，人才流失會給企業的人際關係產生消極影響。如果流出者是具有高效率的中層管理者，他在企業工作或人際交流的網路上占有舉足輕重的地位，或者說一個工作群體由於他的存在，才更具有凝聚力或工作效率，那麼，這類核心人物的流失，會導致該群體工作效率的下降，從而帶給企業消極影響。

2002 年 1 月，某銀行向法院提起訴訟，狀告二十一名違約跳槽的員工，並將招聘這些員工的五家分部銀行列為第二被告，要求這些員工賠償違約金和相應的經濟損失，並由第二被告承擔連帶賠償責任。自 2001 年以來，一場銀行間的人才大戰也進入白熱化狀態，一家公營銀行在短短一年半的時間裡，中層力量就流失了三百五十人。

幾位有跳槽經歷的銀行中層人員表示，從大銀行跳到小銀行的原因是多方面的：「新興銀行在經營機制、用人機制和獎勵機制方面較有優勢，在待遇上也比大銀行好。」有些跳槽者還特別談到：「大銀行市場化程度不高、人事關係複雜、人力資源配置不合理也是促使我們跳槽的一個原因。」

隨著市場經濟的發展，各種類型的企業——處於發展期的企業人才流失嚴重。人力資源是企業最重要的資源，人才流失直接導致企業人才數量不足，出現「三個缺乏」和「三個斷層」，即有學歷、有技術的人才缺乏，高層次、高能力的人才缺乏，經營型、複合型的人才缺乏。人才年齡結構斷層，有一定工作經驗、年齡較輕的人才留不住；人才層次結構斷層，一般性的人才較多，頂尖型人才留不住；人才專業結構斷層，熱門專業能力及人才留不住。這種情況的出現，嚴重削弱了發展中的企業的競爭力。

某公司將人品作為定位人才的第一要素，作為一個正在發展的科技型企業，該公司認為作為人才的第二要素——才能是可以透過實際工作和培訓中成長起來的，而人品的缺陷卻無法透過外在機制來彌補，整個企業在選才的過程中首先以應聘者的專業技能水準為參考基礎，其次再以人品考察結果為是否錄取的主要參照，在這種人才理念的支配下，該公司的確實現人員價值觀與公司文化的結合，但是也導致了技術人才不夠頂尖，而使技術難以迅速跟上發展的難題。同時，該公司宣布辭職的人才，特別是中層管理級人才更是流失得很快。

根據某公司對中層管理者離職資料統計分析，主要原因有兩項：對薪資待遇的不滿意和謀求個人發展，其中對薪資待遇的不滿意是新進中層管理者離職的主要原因。該公司薪資結構構主要分為兩大部分：即辦公室人員的固定薪水制和工廠技術工人的計時薪水制，目前整個薪資的高低並沒有看重員工個人的實際工作績效，而工廠技術工人的計時薪水制度也不利於公司產品品質和生產效率的提高，此外，薪資調整的主要依據仍然停留在以工作年資長短為主的成長上面。因此，這種缺乏公平性與獎勵性的薪水制度導致了大量的中層人員流失。

事實上，「千里馬常有，而伯樂不常有」。很多管人才的或許並不太懂得識才，總有不少人喜歡用「奴役」的理念管人才，他們既要人才有用，又要人才絕對服從，甚至還要人才阿諛奉承。而當一個人才把精力都放在奉承上時，他還能成為人才嗎？而當人才不能奉承時，他會擁有發揮作用的平台嗎？

有一家企業為了提高管理水準，特別高薪聘請了一位已從政府機關退休的、十分有管理經驗的老局長擔任辦公室主任。這位老局長到職後發現，在公司裡無論大事小事都是總經理一個人說了算。他這個辦公室主任實際上只是個行政人員，一句話 —— 有職無權。既沒有人權，也沒有財權。他私下裡對別人說，他本來滿腔熱情的想要發揮餘熱，為企業的振興出一把力，沒想到這裡的環境給他的感覺，就是四個字：「水土不服」。儘管他拿的薪水比當局長時高得多，他還是在上任短短兩個月後就辭職了。這是一個外聘的高級管理人員不能得到充分授權，即得不到尊重的典型案例。

一家企業的發展前景十分好，但是人事、財務、供銷部門的職位都被總經理的親戚占據了。總經理感覺到這些親戚均非專業人士，對公司的經營十分不利。因此，用公開招聘的方式請來幾位能人分任這幾個部門的正職，將原來的親戚均調任副職。可是這幾位親戚不服氣，百般刁難這幾位外來的正職經理。而總經理又礙於親戚的面子，不能主持公道，結果不到半年，這幾位能人紛紛掛冠而去，該企業也很快陷入困境，險些破產。

處在發展中的企業都面臨「爆米花 —— 熟一個、蹦一個」的困惑。企業沒有一個良好的人才環境，結果必然是「賠了夫人又折兵」。現在幾乎所有的企業，包括大企業集團都因為人才流失備感苦惱和困惑。企業是固定的，但人才卻是流動的，由於企業在資金與管理上無法與外商企業抗衡，也就無法阻止人才的「高就」。

目前，在發展中企業流失的人才中，相當一部分是經過幾年的培養鍛鍊，既有專業知識又有一定的管理經驗，能獨當一面的中層管理人才。這些人才的流失，使企業出現了青黃不接的人才「斷層」。同時，中層管理人員的流失，使得大量的行業資訊和科技成果也隨之被帶走了。一個專案負責人的離開，走的不只是一個人，而是一種產品、技術，還有使用者和市場。

有的企業人際關係複雜，這樣就很容易造成人才流失，一般的菁英人物一旦受到排擠，很快就會流失，因為他的就業空間較大。還有企業致命的越級管理問題，有的企業管理者不願放權，或明放暗收，進行越級交叉管理。有一位經理人在處理下屬違規者，得到上級袒護，當第二次情況再出現時，只會讓經理萌生辭職之意。好的管理不但能及時的發現企業運轉的問題，還能衡量出一個人才的真實水準！

某家企業聘請了一位行銷經理，聘用合約中詳細列出銷售額達到某一數額後，超額部分會給他本人獎勵。這位行銷經理果然名不虛傳，短短一年內超額完成銷售額 40%。當他要求總經理兌現承諾時，總經理卻以公司整體效益仍不理想為由，說等到公司業務再提升以後，才能兌現對他的獎勵。結果，這位行銷經理一氣之下，不但自己離開了公司，還把他到公司後培養的兩位副手也一起拉走，使公司的銷售額一落千丈。等總經理如夢初醒，回頭再找這位行銷經理，承諾兌現一切條件請他回巢時，他已經另有高就了。

類型原因

根據企業所處行業、性質、規模、管理模式不同，需要中層的部門、職位也不同。如跨國企業缺乏嫁接型人才，或是缺乏開拓型人才，本地公司缺乏國際化落地型人才。

企業在新經濟體制下的競爭，包括知識競爭、科技競爭、資訊競爭、經濟實力的競爭等，說到底是人才的競爭。企業要想實現跨國經營，就特別需要人才的支援，沒有足夠的人才支持，想要走出本地只能算是妄想。我們所說的支撐企業走出去的人才主要是具備開拓能力、開發能力的中層管理人才。

某大學的院長說：「年薪五十萬元就能夠聘請到高素養的新聞從業人員。即使願意花五百萬元年薪，也未必能夠聘請到真正既諳熟新聞行業和傳媒市場運作、又懂媒體管理和經營的高級複合型媒體管理人才。」尤其是在外資傳媒龍頭爭相進駐市場多年來一直保持著高速成長的今天，無論對於傳統的報紙、雜誌和廣播電視還是網路等新興媒體來說，都在面臨著高級複合型經營、管理人才極端稀缺的困境。

某新聞出版和廣播電視資訊中心主任表示，由於傳媒市場蘊涵著廣大的市場前景，近年來美國線上、新聞集團、迪士尼和各路跨國傳媒爭相取得「落地權」，急需大量既熟悉媒體市場、又具有國際化運作經驗的本土高級媒體人才來擴大市場占有率。同時，隨著媒體產業化、市場化進程的加快和新興媒體的迅速成長，傳媒集團之間透過資本運作手段來進行並購擴張、相互交叉滲透和「跨媒體」經營，也直接造成了傳媒行業對那種「既懂技術、又懂新聞製作」的高級複合型人才的需求量呈直線上升。

由於高級傳媒人才的極端匱乏，造成外資傳媒龍頭、本土傳媒行業動輒以幾十萬乃至百萬年薪相互「挖角」的現象越演越烈。對於這種現象，某新聞出版媒介研究所所長表示，由於傳媒產業化、市場化運作只有短短十幾年的歷史，使高級傳媒人才的數量非常有限。

無論是在外商企業、本土企業，任何企業的決策層都期盼能覓到開拓型的管理者。一個人的心理品質包括智、德、能、性四個方面，智是智力，德是道德素養，能是能力，性是個性。作為一個開拓型人才，從決策層到全體屬下員工當然都希望他是智力超群、道德素養高、個性完美、開拓能力非凡的人。

現在，已不是狹隘的地域性質市場，它是沒有意識形態限制，沒有國界限制，是國際性的世界大市場。一個企業要想在開放的國際市場上求生存、求發展，企業經營管理人員必須有策略眼光，根據外部環境的變化或者說將來的變化做出企業策略，它影響著企業發展中帶有全方位、長遠性和根本性的問題。一個開拓型企業經營管理人員，應有優良的品德、堅定的信念、必勝的信心、堅韌的精神、強大的魄力、淵博的知識、充沛的精力、優異的才能、豐富的經驗等特徵。

中層管理者一旦工作不具備挑戰性，就會降低其成就感，甚至心生去意，這樣的中層管理人才真叫人「愛恨交加」！某設計事務所總經理再次接到設計師的辭職信，信中聲稱；目前的大專案告一段落，而自己不安於平淡混日子的生活，決定辭職尋找新的挑戰。這是設計事務所總經理第二次將設計師請來，也是第二次接到他的辭職信。半年前，公司接到一個大專案工程，由於時間急迫，總經理得知公司前高級設計師回來臺灣，遂誠意邀請他參與這個專案的設計以及施工。在近半年的工作中，設計師不負設計事務所總經理的期望，用玩命的態度來面對這個專案。他竟然一張工期草圖設計出近十種備選，每個案例上都用文字標注得條理清晰。整個設計團隊在他的帶動下呈現出前所未有的向心力，工作熱情明顯提升。

該設計師在人手有限的情況下身兼數職，還主動外出疏通各級關係，儘管工作任務繁重，他卻安排得井井有條。慶功宴之後，設計事務所總經理竟收到設計師的辭職信。

該設計師深知，目前自己基本處於半自由職業狀態，這不是自己想要的，他更願意接受一些大挑戰，越有難度自己的工作熱情越高漲，越能全部投入，而隨之帶來的成就感讓他從能力和資歷上都受益匪淺，自己也特別滿足這樣的「短工」生活。「除了他出色的工作能力，更可貴的是那種工作熱情和創新精神，時下並不多見。」設計事務所總經理說。

內涵原因

中層管理者為企業工作，企業回報中層，而中層與企業高層雙方的互相認可和默契早已超越了「重賞之下必有勇夫」的時代。一方面，企業高層們對中層管理者的普遍要求不再是「業績等於一切」那麼簡單，對「勇夫」還增添了許多人性化的內容。如凝聚力、誠信度、包容性等；另一方面，中層管理者考慮也更加全面，要求的「重賞」除了薪水福利，還有職位升遷率、對企業文化認同性、培訓和利益分享機制等。

某企業行業影響力和地位一直數一數二，就是這樣的一個企業，卻總是留不住「優秀」的和「該留」的中層。該公司總經理總是在這些中層去了別的企業成為優秀的中層和高層之後，才意識他們是優秀的、該留的。

以下是該公司近三年來的中層流失的部分人員名單：

- 劉先生曾任該公司品牌經理，於2006年選擇了離開，之前曾任某外商企業產品經理，現任另一間企業的市場總監。
- 張先生曾任該公司銷售部經理，於2005年選擇了離開，之前曾任某著名企業總裁助理，現任另一間企業的總經理助理。

- 王先生曾任該公司分部總監兼負責大客戶的經理，於 2004 年選擇了離開，之前曾任某著名家電企業分部公司經理，現任另一間企業的銷售總監。
- 趙先生曾任該公司多個分公司的經理，於 2003 年選擇了離開，現任某外商企業行銷總長。

也許該公司總經理認為這種中層的流動是很正常的，也許該公司總經理認為這些中層對於公司來說並非是優秀的，但是兩個不得不讓我們正視的問題是：該公司這幾年雖然還依然保持行業前幾位的競爭力，卻已經開始由第一位滑居行業第三位了，原本想甩開對手卻發現被對手甩開了，差距還越來越大；與此同時，所有近三年從該公司離開的中層，無一例外地去了與該公司實力和地位相當的競爭對手或其他企業更高的職位任職。

一個優秀的中層是企業的核心價值，無論這個企業有多大經濟實力與政治後台，他們都是創造的重要貢獻者。對於企業總經理來說，中層是他們必須重視的對象，尤其是創業初期、企業較小的時候。但是，隨著中層越來越多、企業發展壯大的時候，連結和銜接中層和總經理之間的高層就應運而生了。雖然此時的中層作用依舊，但是中層的地位；尤其在投資者和總經理的地位被削弱了。原本依然是中層創造的價值和貢獻卻被企業高層堂而皇之的剝奪了，而總經理們也會認為原本是由中層創造的價值，現在則是因為有了高層的加入而鞏固、強化並創造的。但是他們的想法大錯特錯了，上面的例子就是一個有力的證明。

也因為如此，為了維持這種業績和局面，原本只是想要做一個連結和銜接作用，被總經理們當成了集部分領導和主要管理職能於一身的人才。在一線發揮著和以前依然重要作用的中層，被總經理們當成了可有可無的執行者了，既非管理者也非中層。

而一旦中層們想突破這種限制或者改變這種局面時，首先要觸及到的就是高層的利益，雖然本質和動機上是為了在實現企業利益的同時實現自己的利益。於是，高層們就不再歡迎中層，總經理們也往往是在中層要走時才知道要慰留；做得過分和有策略的高層，更讓總經理們在中層走之時甚至還不知道慰留，離職去對手那邊之後，才知道或者後悔沒有慰留。

2009 年 3 月，某知名網站內部通發了電子郵件：搜尋引擎產品市場部總監張某因個人原因離職，本月底與該網站正式結束工作關係。

有人說，張某的離職與該網站 2008 年遭遇的搜尋引擎信任危機相關，這一危機的導火線就是競價排名被媒體曝光。張某作為競價排名的具體執行者，就揹了黑鍋。然而，張某離職真正的原因是該網站新高層正在發動一場內部清理，接下來的幾個月內還有更多的「元老」級人物被該網站清理出局。

而在幕後策劃這場內部清理的正是該網站的總經理。對於該網站遭遇的信任危機，總經理將此定調為該網站一年多來包括營運長、財務長、技術長等中層缺位管理不善導致的，意思是中層管理者因為執行不力導致的這場危機。

新的中層管理者陸續到位，然而這些中層都沒有在網路行業的經驗和權威，總經理為了樹立公司內部威信，引進培植親信占據部門，這些中層便借總經理之名行清理之實。

在張某離職之前，第一任該網站產品經理也在3月離職了，並把其一手帶起來的五十多人團隊已經交給了某位高層掌管。

該網站在內部清洗和新股禁售期兩股力量的夾擊下，2009年遭遇中層離職高峰期，這些離開的中層都是幫助公司打江山的功臣，也是該網站最核心的力量。隨著這些中層管理者的離開，更多的權勢爭奪者進入。

企業有優秀的總經理、優秀的高層，自然就會有優秀的中層，這是一種理想的狀態。在企業中優秀的中層往往碰到的大部分情況是：有優秀的總經理，而碰不到優秀的高層；有優秀的高層，卻碰不到優秀的總經理。

2008年5月，某建材塗料公司銷售額上億，在2009年6月出現了銷售停滯不前、效率低下的情況。董事長不得不更換執行長。新執行長發現行銷總監問題突出，決定換人。董事長也早有此意，只是顧及總監資格老、客戶影響大，且二十個中層主管都是他帶出來的。新執行長還是辭退了銷售總監。中層主管也一併上交辭呈，新執行長當即同意！

對企業來說，評價一個人的價值一定是基於為企業創造價值基礎上的價值和價格認定，而絕不僅僅是某一個單一角度上的簡單認定。

2008 年 4 月，英特爾分部人事變動風波再起，英特爾公關部等多名中層人士相繼離職。據相關人士透露，英特爾分部目前正在進行架構調整，「去年這種變動已經表現在總經理級的層面上」，現在則「開始波及到了中層」。

早在 2005 年 5 月，英特爾分部高層數年不變的開始頻繁的調整。剛剛上任的分部經理，被認定將獨攬大權，然而，隨著聯名總經理出任，英特爾組織架構中引進了「雙位一體」的重要管理模式。

兩位管理者一起開啟了英特爾分部主管的「雙核時代」。同年 10 月，在英特爾工作十二年之久、歷任英特爾市場總監、公關總監悄然離職。2006 年某一天，此前供職英特爾的多名中層公關經理也紛紛離開了公司。

只有當中層管理者為企業創造和貢獻的價值大於企業為他所提供的綜合成本和付出時，他就是合格的，企業也是划算的。而只有他為企業創造和貢獻的價值遠遠大於企業為他所提供的綜合成本和付出時，他才算是優秀的，而這種差距越大，他就越優秀。在一個組織內部，誰的這種差距最大，誰的價值價格比最大，誰就是最優秀的。作為企業來說，就是需要這種中層——優秀的中層。也只有這種中層，才能為企業創造更多的價值。

立場原因

從中層看高層、高層看中層兩種角度的鮮明觀點來看，危機的危害程度、原因、評價傾向又會不同。其中最為關鍵的是：企業總經理如果不能全方位、公正、寬容的對待中層，很可能會耽誤危機解決的最好時機。

這對目前的企業來說也許是最恰當不過了：企業總經理沒有給予中層管理者足夠的信任和授權，甚至有很大一部分被企業總經理邊緣化了，中層管理們並沒有很好的將自己的專業、智慧發揮出來。

某企業的總經理為了使外聘來的總經理有職有權、不受干擾，將原來掌管公司財務的妻子和掌管生產的哥哥通通免職。他自己也和這位總經理簽訂了協定，其中規定，他本人（董事長）不干預公司的日常管理，如果違反協議，每次罰款若萬。這位董事長基本上說到做到，期間還真被總經理罰過一次款。結果，企業在這位有碩士學位的總經理的管理下，生產和銷售均取得了傲人的成績。這位總經理對此頗有感觸的說：「看上去，這樣做我似乎對不起和我當年一起艱苦創業的妻子和哥哥。如果我不這樣做，企業因管理不善而垮了下來，我更對不起他們，更對不起公司的員工。」但是，有幾人能如這位總經理這樣「大度」？

中層與總經理通常的衝突是中層管理者抱怨公司沒有授權給自己，無法承擔企業賦予的職責；而企業總經理則擔心中層管理者一旦得到授權，可能因為自己能力或者其他的局限，難以承擔相應的責任。

有一間大型公司，當一些中層管理者因為公司總經理對他們不放心、不信任而提出離開公司的時候，總經理大為震怒，把要走的這幫中層管理者找來條列出過去工作中的種種過失，認定他們離職是背叛行為，最後還剝奪了離職經理、主任、主管們本可能享受的很多福利，讓他們卑微和屈辱的離開了公司。這幫離職中層管理者有的去了競爭對手公司、有的去了市場關聯公司、一些透過公務員考試進了政府部門。兩年後，原來的公司垮了，道理很簡單：競爭對手公司知己知彼、市場關聯公司配合不順暢、政府部門公事公辦。

但是，大多數企業中層管理者最大的困擾來自於自己認知上的局限性。「只會埋首工作，不會抬頭看未來局勢發展」，這話很準確的表達了中層管理者的現狀。不能說他們不努力，也很難說他們沒有專業性，事實上，他們在擔任中層職務之前，多數都是業務或者技術專家。這些人以前的工作是自己一個人做，面對的是具體的事情或者是機器、設備，他們在得到具體的指令、計畫之後，開始日常工作。因為他們的業務能力和經驗良好，通常可以獲得上級很好的評價。所以，他們也因此而走上了中層管理職位。

問題的關鍵在於，他們擔任管理者之後負責的不是自己一個人的工作，而是一個團隊、一個部門，甚至多個部門、多個團隊的工作。他們不可能像以前那樣在具體的指令、計畫指導下展開工作，他們的角色發生了澈底的改變，他們必須為團隊和部門進行規劃。但是，我們都喜歡做自己擅長的事情，中層管理者們面對角色的改變不知所措，也沒有得到公司系統的訓練和更高上級的幫助，結果可想而知。即中層管理開始學習做規劃，主動去推動部門的工作，有時候也會犯本位主義的錯誤，只看到某一個部門的具體工作和職責，沒有站在公司全方位、策略的高度來看問題。

據某公司研究顯示，企業的中層普遍不會結合本公司的策略來做規劃、看問題、做選擇，不會準確把握公司的意圖和階段性的工作重點。做規劃、出制度，閉門造車和直覺做決策的機率很高。企業請你來負責一個部門的工作，當然不能按照你的喜好和專長來做事。企業所堅持的是，中層要做企業的「規定動作」，而不是「自選動作」。

總之，企業中層管理者最嚴重困擾就是沒方向、有力量，沒有把自己的成功事蹟、團隊的工作，集中到公司的策略重點上，沒有很好的把握好公司方向、領導意圖。說到底，是中層管理者做了很多的無意義的決策，卻認為自己「沒有功勞有苦勞，沒有苦勞有疲勞」。

某軟體企業的人力資源顧問說：「企業不怕人走，也不怕有能力的人走，怕的是出現人才斷層，怕的是沒有一個適合人才成長與發展的土壤。」

菁英員工也就是企業的中層管理者們，他們的需求比一般普通員工複雜得多，單純待遇、薪水、公司的知名度的吸引不能完全滿足他們對一個企業認可的需求。他們衡量一份工作是否值得自己全心投入的職業，主要會從軟硬兩方面的指標去判斷。硬指標方面有薪水、福利、公司發展前景，職位上升空間等；軟指標方面有企業文化、工作環境、主管重視程度、人際關係氛圍、自己工作是否被認可等。這兩方面的指標就如天秤的兩頭，要讓企業中層管理者們真正達到對企業的滿意與認可，兩方面因素都不可偏倚。因為中層基本上都是某個領域的業務高手。

問題在於，技術研發、做業務與企業管理是兩回事情。中層管理者們面臨的對象和課題發生了本質性的變化。以前是自己做，現在是領導別人做。事實上，企業經常會犯同樣的錯誤：我們把技術、業務人才提拔到管理職位，卻沒有很好的評估他們是否勝任，最可能的結果是「少了一個技術專才，多了一個管理庸才」，或者「少了一個業務菁英，多了一個管理庸才」。

李副總的公司是一家具有法國政府背景的投資公司。三年前，辦事處有三位分析師、七位首席投資顧問，這些員工具有高素養的專業水準，年紀都在二十八歲至三十二歲之間，總經理由一位法籍的投資專家擔任。他的年紀比李副總大一歲，他在工作的動力和速度上仍保持著法國人的作風。法籍總經理除了對總部匯報工作狀況，還擔任一個「象徵性」的角色，公司需要他出面拜訪重要主管時，他會全力配合，藉以增強公司的可信度。

最近，李副總很煩。這些首席投資顧問的主要任務是拜訪政府公司和大企業，協助他們規劃投資及理財以創造更高的效益。由於每位首席投資顧問各有不同的通路，有時會有兩位不同的投資顧問對同一個客戶公司不同的人做出重複拜訪。當業績產出時，那些過去曾拜訪過同一客戶的兩位都想分一杯羹。可是公司有制度，對最後得到業績的顧問才能核算他的成績。雖然顧問間的矛盾並沒有日益加深，但是閒言閒語也讓李副總不愉快。

李副總不喜歡與團隊成員發生面對面的衝突。他也意識到在這個行業裡，這些首席投資顧問是一種極為罕見的人才，要想培養這些人才很不容易，有才能的人才可以面對很多的職業選擇，只要有人離職，公司內部最傷腦筋的人還是他，因為從招聘到培訓、培養、成熟到能夠單獨作業的顧問，需要最少一年半以上的歲月磨練。李副總告訴自己，在面對員工衝突時忍耐一陣子，就可免兩年的操心。但李副總常感到無奈、焦慮和挫敗。

可見，大多數企業的中層管理者還是不擅長為部門做規劃、不擅長根據目標配置資源、不擅長向下屬提出明確要求、不擅長為下屬提供支援、不擅長鼓勵員工、不擅長回饋員工業績、不擅長客觀公正的處理衝突等。

最關鍵的問題在於，企業必須讓中層對他們的素養現狀與職位勝任要求、有一個客觀的認知，甚至要做一個客觀比較。如果企業總經理能夠為他們提供必要的輔導、支援，中層管理者也有很好的調整、提高意願，問題會向好的方向發展。事實上，多數企業總經理就是按照這個方法做的。

管理原因

企業在振興國民經濟中有著重要的作用，但是中層管理人才流失問題已經嚴重影響了企業的生存與發展。中層管理人才問題是企業的核心問題，中層管理人才競爭將成為企業競爭的首要主題和核心內容之一，中層管理人才流失是企業資本的流失，必然影響到企業的生存與發展，而中層管理人才流失問題更是企業生死存亡的大問題。例如，一個中層管理者離職會引起的其他員工「多米諾骨牌式」離職，因為員工離職之前會有一個考慮和斟酌的過程，在此期間，員工不可避免的要找同事進行商量，從而影響到其他員工的心理。據相關機構估算，一個中層管理者離職會引起大約三個員工產生離職的想法，照此計算的話，如果企業中層管理者離職率為 10%，則有 30% 的企業員工正在找工作；如果中層管理者離職率為 20%，則有 60% 的企業員工正在找工作。試想企業員工整天都在忙於找工作並處於觀望、迷惘狀態，給企業造成的損失成本將會有多大？

對企業來說，中層忠誠的下降、人才的流失，會給企業經營發展策略、形象造成重大的損失，有時甚至會產生災難性的後果。比爾蓋茲曾經說過：「如果把我們最優秀的二十名員工離職，我可以說微軟將變成一家無足輕重的公司。」由此可見關鍵員工的重要作用。

其實，許多總經理都明白：企業想要獲得持久性的競爭優勢，必須依靠構築人力資源競爭力，擁有比對手更優秀、更忠誠、更有主動性和創造力的人才。但是，這些總經理並沒有基於科學的以人為中心的管理方式。

幾年前，當陳先生在一家非常著名的企業擔任副總時，發現該企業中層管理人員的離職率很高。導致中層管理者高離職率的原因並非來自工作本身，而是該企業的管理制度。

事實上，無論是銷售主管、生產主管，還是品質主管、營運主管，陳先生發現這些中層管理者們很熱愛自己的工作，卻感到企業並不尊重他們。在該公司，不管是涉及到哪類情況，中層管理者們事事都要向總經理匯報、請示，自己沒有一點自主的權力。如果哪位中層管理人員自作主張處理某件產品的品質問題，或者是誰因為銷售的資料沒有及時向他匯報、請示，總經理便會當著眾人的面對這位主管一頓臭罵。所以，中層管理者們對這種工作環境的不滿，最終導致大量管理人員離職。

後來，陳先生的這段經歷撰寫了一篇論文。其主要內容是：「員工最大的不滿之一在於他們的工作沒有獲得組織給予足夠的認同。而尊重是認同的組成因素之一。當員工感到自己沒有受到組織的重視和尊重時，他們往往會產生更強烈的倦怠情緒。」正如陳先生所言：「通常並不是工作本身讓人筋疲力盡，問題在於企業主要管理者本身。」我們宣導企業管理者要以人為本，就是把人才作為企業管理的出發點，把做人才的工作、充分調動人才的積極性作為企業管理的根本任務。在企業中，無論多麼先進的機器設備，都是由人設計和操作的；無論多麼優質的服務，都是透過人的行為來表現的。尤其是一些新興的高科技產業，幾乎沒有什麼物質資產，公司的財富就是

人才 —— 知識和創造能力。比如，微軟公司就沒有高大的廠房、沒有轟鳴的設備，只有高素養的員工團隊才是真正的價值來源。因此，人是企業最重要的資源，是企業的第一財富。在這種情況下，實行人本主義也就成為組織管理的必然選擇。正如 SONY 的創始人盛田昭夫所說：「主宰企業命運的，正是我們企業的員工們！以人為中心展開工作就是我們的真諦所在。」2008 年 8 月份發生金融危機以來，無論什麼性質的企業都在市場經濟中接受著生死存亡的挑戰，其中有不少企業紛紛落馬。從機制上看，大多數企業是最適應市場經濟環境生長的，紛紛落馬現象令人憂慮。企業如何在經濟危機中站穩腳跟，甚至穩步前進？我們認為，人才是關鍵。只有留住人才，才能夠創造出企業的智慧動力；只有把握住企業的智慧動力，才能推動著企業不斷前進、不斷發展。

但我們不得不承認，對大部分企業，嚴重缺乏成熟的制度，包括內部人對制度的認同、新進入者的認同，尤其是社會監管以及各種服務系統的支援。而有些企業總經理在意識上的某些極端看法，例如資產和財富歸個人、完全私有化、個人化等等，以及發財以後的親屬瓜分權力和資產，甚至後進入者也有瓜分的心態，已經是長期存在的現象。因此，如果企業不能真正進入制度化、社會化的管理階段，發展仍然會很艱難。我們認為，人才是企業的寶貝，不管是哪個企業要想留住自己的寶貝，就得擺脫私有財產概念的束縛，進行社會化的財產概念運作。那麼，情況也許會發生很大改變。如果能夠因此產生民眾和社會價值觀的認同，跳出私有個人財產的圈子，任何親屬和個人就不具有為了個人私有財產的瓜分和占有的爭奪和爭奪心態，企業的發展就具有了很多崛起的機會。

某大型廣告公司的副總是公司總經理一直資助讀完大學，親自引進公司並在三年內言傳身教培養成自己的副手，甚至可能成為自己上億資產的接班人。然而，該副總在辦好新公司就職手續後突然提出辭職。總經理覺得很傷心，接班人的離去不僅是一個人才的損失，很可能是一大批市場資源和潛在利潤的損失，基本可以看成是背叛。

經過一晚上的思考，總經理做出了一個非常意外的決定：先找來副總了解其要就職的新公司，然後非常肯定支持副總的發展，並對副總的發展前景給出很多有效的建議，最後還給了告別費以感謝副總過去對公司的貢獻，讓副總懷著愉快和感激之情離開。

兩年後，副總不僅在海外發展順利，還給原公司帶回來廣闊的海外市場和市場管理經營，幫助原總經理的企業獲得進一步的發展。

這就是「人本」管理的結果。

人本管理首先要把「以人為本」作為品牌的核心價值觀，把品牌成功的希望和努力放在組織內部的人力資源上，認為「以人為本」是品牌在競爭中取勝的關鍵。比較典型的例子有惠普「尊重個人價值」的精神、本田 HONDA「人為中心」的精神、京瓷「京瓷哲學」、達美航空公司的「團結合作精神」等。

把人的因素當做管理中的首要因素、本質因素和核心因素。人的心理、人的屬性、人的情緒、人的信念、人的素養、人的需求、人的價值等一系列與人相關的問題均應成為管理者關心的重要問題。尊重人、發展人、依靠人、為了人，是「以人為本」管理想法的出發點和歸宿。要圍繞著調動人的主動性、積極性和創造性去展開組織的一切管理活動。

正如美國密西根州立大學的心理學教授弗雷德里克·P·摩格遜博士發現的一樣：辦公室氣氛、工作的人際關係等「軟」環境更影響中層管理者們對工作的滿意程度。調查顯示，不是薪資，而是與同事共同工作的頻率，職場的友誼及在工作中獲得的情感支持，是預測中層管理者工作滿意度的有效指標。有些總經理以為只要付錢，就可以任意對中層管理人員頤指氣使，讓很多中層管理者心寒。

功臣原因

在企業創建之初與總經理共同打天下的人才之所以稱之為「創業功臣」，說明他們肯定是具備一定的才能，最起碼有著一份其他人沒有的忠誠。當初與總經理風雨同舟、患難與共，為企業的創建與成功立下了汗馬功勞的人大多數都是忠心耿耿的，是企業發展中的寶貴財富與活教材。而企業所面臨的問題一是怎樣對待這些功臣，二是如何自治那些居功自傲的功臣。

談到功臣，不僅想起了《史記》中的語句：「狡兔死，走狗烹。高鳥盡，良弓藏。敵國破，謀臣亡。」春秋越國功臣，助越王勾踐滅吳，卻被勾踐賜死的文種；西漢時代為劉邦定奪天下，立下汗馬功勞，卻在功成名就時被誘殺於長樂宮的韓信；明太祖朱元璋的「火燒慶功樓」……歷代封建帝王在建立新的王朝之後，總擔心那些一起打天下的功臣與夥伴居功自傲，難以管理，更怕他們割據一方，危害朝廷利益，所以為了維護其集權統治，不惜採取各種手段將這些功臣們或革職或殺害，最著名的莫過於明太祖的「火燒慶功樓」了。

自古道「得民心者得天下」，開國的皇帝一旦失去了民心，失去了輔佐自己的忠臣良將還怎麼把一個國家治理強盛呢？在企業裡也是這樣的，對待創業功臣也應該用人情與人性化的方式來處理，豈能簡單的用「殺」與「不殺」來對待，這樣做不單是讓這些創業夥伴與功臣寒心，也讓後來的下屬和員工提心吊膽，轉而沒有認同感和歸屬感，擔心隨時自己有可能被「殺」。其實某些總經理之所以急不可耐的要除掉這些創業時期的夥伴與功臣，就是怕這些人來分享其經濟利益，如果一個總經理給下屬和員工以及外界留下個「卸磨殺驢」、「過河拆橋」的印象，誰還會真心幫他做事，又談何付出與奉獻？試想一個沒有了凝聚力的企業又哪來的什麼向心力、奮鬥力與駕馭市場力？

1997 年 5 月，周先生在某房產公司外有巨額債務、內無後續資金的情況下，臨危受命擔任該公司副總經理職務。經過四年的努力，公司開發的「某房產基地」不僅為公司償還巨額債務，且超額完成董事會提出的創利目標。除「某房產基地」專案，周先生還抓緊恢復另一房產工程「某社區」，使工程在 2002 年 11 月正式開工，並於 2004 年底完成工程開發。在歸還投資款後，為公司增值 3750 多萬元。董事會因此獎勵周先生 120 萬元。

2006 年 3 月，周先生因患胃癌病故。可以說，是繁忙工作耽誤了周先生的治療。該公司曾在董事會決議以及董事長簽呈後，認為公司應對周先生在「某社區」中所取得的成績給予獎勵。據此，周先生夫人參照此前「某房產基地」的獎勵方案，計算出「某社區」應獲獎勵 64.47 萬元。

房產公司認為，64.47 萬元獎勵的推算方式沒有法律依據。他們表示，雖然周先生確為公司做出了重大貢獻，公司董事長也曾在相關簽呈中表示「可以適度獎勵 10%」，但是該簽呈未經董事會表決，董事會也未對此事做出任何決議。此外，公司從未就「某社區」承諾予以獎勵，因此不同意支付該項獎勵。經過這一事之後，公司的好多中層管理者對公司許諾的抽成獎金分紅不再當真，在工作中也沒有了往日的認真，並且陸陸續續的出現了中層管理者大規模離職的現象，可以說這都是公司高層在對待周先生抽成獎金一事上的錯誤決定造成的，使大家對公司失去了起碼的信任。由於中層管理者和相關核心人才的流失，公司的業務受到了嚴重的挫傷。

所以，對待企業的功臣，該獎勵就是要獎勵。如果出爾反爾言而無信，那這個企業總經理就會失去人才，說到底，也就是導致中層管理者離職的真正原因。

一家生產電冰箱配件的企業在創業初期依靠一批志同道合的朋友共同努力，經過十多年的發展，員工由原來的十幾人發展到上千人，產值由原來的每月百萬元發展到每月上千萬元。

企業大了，人也多了，但是總經理明顯感覺到，公司中層管理者越來越忙，而工作效率越來越低。這時候和總經理一起創業的公司中層管理者開始講條件講待遇了。

總經理開始也招聘一些「空降部隊」來衝擊這個「老」的管理團隊，但是這些「空降部隊」無一例外：不是水土不服就是被排擠出局，到最後只要有新的管理人員被招來，大家就賭他是否能創造最短時間離開公司的紀錄，最終回到老路，重用「舊臣」。希望透過加薪來「重溫舊夢」，做到「高薪資，高效率」。加薪後大家的熱情也很高，工作十分賣力，好像又恢復到往日的日子，這種情況不到兩個月，又慢慢恢復到原來的狀態。

這家公司出現的這種情況是一個普遍現象，很多企業都經歷了這樣一個過程，在創業初期，每個人都可以不計薪資、不辭辛勞、不計得失、不分彼此，甚至加班。但是，只要企業一大，大家這種艱苦奮鬥、不計薪資的奉獻精神沒有了，團結如一家人的和諧氣氛也消失了。為什麼會這樣呢？原因有二：

一，當企業發展到一定規模之後，自然而然就會走進制度化管理的程序之中，而制度給人的感覺總是冷冰冰的，原來的那種兄弟般一起創業的融洽氣氛消失了，同事之間不再稱兄道弟了，一切都要按級別，按公司規定。

二，每個總經理在創業初期可能對公司中層管理者，尤其是一些核心員工有過多的承諾，但當企業真的做大之後，總經理並沒有兌現這些承諾，因而導致他們產生失望情緒，慢慢的自然是消極怠工。

企業總經理一般會對既有工作能力、工作態度又端正的創業功臣與創業夥伴加以重用，他們不但是總經理創業時期的功臣與夥伴，還會繼續成為總經理今後經營企業中的重要力量，他們既會成為總經理的得力助手也會成為企業穩定的基礎。這種功臣我們可以繼續委以重任，如果他們的想法不能與企業同步發展，企業可以進行委外培訓，進行管理理念改變與管理技術的提升，只要他們一直謙虛謹慎，執著進步，他們永遠都是企業的中流砥柱。

對待工作態度端正，但是工作能力有限的創業功臣和創業夥伴，由於已經對他們創業時的貢獻給予了獎勵，可以考慮把他們安排在其工作能力相適應的職位上，讓他們繼續為企業經營發展發揮餘熱。一個態度較好的員工往往不會居功自傲，並能充分認知到自己的不足之處，重新為他調整職位，是對他的另一種的重視，也是一種體力與腦力的照顧！

對待創業時期有經驗、有能力但年齡略大並對企業忠誠的功臣，總經理如果有條件可以採用外放的方式對待，公司發展到一定階段需要在其他地方開辦分支機構，或者工廠需要與其他廠家配套生產，這些功臣就可派上用場，讓他們獨立出去發揮自己，去獨當一面，去展現他們自己的才能，他們都是老員工，對企業有較深的感情，也容易與總經理溝通！讓他們獨當一面還能理解總經理的思考，讓他們也體驗總經理的艱辛，以往的衝突就會很容易化解。創業功臣「外放」最大的好處是：給你的創業功臣們一個施展自己平台，一個發揮自己的機會，他們實現自己的人生價值後會感恩公司，會相互照應，他們也可能會做強做大，或許在哪天在公司有困難時能幫上忙，對企業功臣的「外放」，需要我們的企業總經理們有大海一樣的胸懷和智慧，不要把自己當成絕對權威，要認識市場的任何人，任何想法都可能成功和實現，市場上沒有絕對的權威，每個人都是平等的。所以要相信自己的手下，讓自己的手下多進步，應該也是每個企業總經理的追求，怕自己的員工進步的總經理不是好總經理。對於何時「外放」，這要把握時機，過早的話對方的能力和心理不具備，過晚可能所謂的功臣已沒有創業時的活力與信心，所以要在適當時機操作。

創業時期與總經理一起打天下的夥伴與功臣，是企業一筆寶貴的精神財富，善待他們是對新員工的一種影響、一種感召。從公司中層管理者的本身來講，公司大了，他們在公司中往往以「功臣」自傲，其管理方式應該改變，獎勵方式也應該改變。遺憾的是，我們很多企業把錢作為唯一的獎勵手段，就是公司把薪水提上去了，但是沒有把員工的薪水獎金與工作目標相聯繫，與業績並進，也就是說，管理層在沒有壓力的情況下就能穩穩當當的拿到高薪水。這種人雖然在企業創業階段立了功，由於公司已經對其所做的貢獻給予了獎勵，他們已經得到了回報，實際公司並不虧欠他們的，所以對待工作態度不端正、居功自傲，將自己置身於企業管理制度之處，且想法與理念已經影響企業正常經營和管理的昔日功臣，可以考慮將其勸退公司，但是要應考慮方式，既然以前合作的非常愉快，大家不再合作可是友情永存，在傳統節日上發一份賀卡，是對他們的一種慰問。

用人原因

「用不好人，留不住人」雖看起來是老生常談，卻不可忽視。有一些企業的總經理，在談到自己企業的人才流失的時候，經常會以「人員太固定了，日子一長，王先生會看著張先生，張先生會牽絆小楊，想法可能固化，還會養成惰性。」之類的言語來替自己開脫。

不能否認，一個企業人員適當流動對企業的發展是有好處的。假如從這些企業流失出去的王先生去一家大企業當區經理去了，張先生到了另外一家企業做了行銷總監，小楊則去別的公司做了技術研發部經理，總之不是升遷就是成為了業務經理，並且做得都還不錯，那麼我們就有理由相信：這些企業的總經理都在粉飾自己的過失。

可惜的是，在我們的身邊有不少這樣的企業、這樣的總經理。如果他們始終難以靜下心來，不能細想人才流失背後的企業及自身過失的話，這些企業仍然難以留住人。

A 公司是一家合資企業。三年前，A 公司發生一次高層人事變動，公司總經理及兩位高層先後離職，董事會重組，新任董事長兼任公司總經理，並從公司原總監級管理者中提拔四位分管公司其中四個事業部，並外聘一位年輕有為的業界菁英管理產品研發部及另外一個事業部，加上兩家外地分公司，形成各自獨立的八個事業部，實施事業部制管理。

在人事變動後的第一年，新官上任的各大副總紛紛根據公司制定的業務策略目標制定年度計畫。令 A 公司總經理感到欣慰的是，公司的業績非但沒有出現滑落，反而較上一年略有提升。接下來，公司在前一年的基礎上略微提高了新一年的業務指標。半年後，在年終會議上，現任的主管在交流過程中，紛紛反映一個問題：部門中層管理人員斷層！

副總還是做著總監或部門經理的工作。幾個被董事長從總監位置提拔上去的副總，分別監管各自的事業部，個別副總還得兼任事業部下的部門經理。經過一年之後，無論是從業務部門內的老員工還是新員工中，都無法找到一個可以擔任部門經理的適合人選來獨當一面；本來就事務繁多又兼任部門經理的副總們不得不事必躬親，深入到每個業務專案的細枝末節上。

有的公司是出現了中層斷層的現象，有的部分卻是有合適的中層人選，但是該準中層卻由於「怯場」而不敢擔任中層管理者的職位。比如，某藝術公司其中一個事業部下的業務一部共有六個人，有五人是具有兩年以上年資的老員工，其中又有兩人已在公司工作滿五年，且都有相當豐富的專案經驗和業務能力。該部門的前部門經理離職之後，一直沒有人接續。在與該部門溝通的過程中發現，這兩人也都能被其他幾人認可，但是關鍵在於這兩人的自我意識中就都願意擔負部門經理職務和責任。這兩人在專案運作管理經驗遠勝於部門人員管理經驗；從個人層面，此兩人似乎跟約定的一樣，都願意做專案經理或專案執行人，對公司下派給部門經理的業務指標則噤若寒蟬，而事實上，公司的業務指標他們每年都能夠完成，甚至超額完成。

大半年過去了，在對外招賢的過程中，依然沒能找到合適的人選。即使招賢而來的人，其水準未必高於公司現有那些優秀員工的水準，還得有較長一段時間的磨合；從面試溝通的情況來看，這些職位的應聘者能力確實不錯的身價太高，身價合適的水準也沒有特別的過人之處。

經研究決定，公司還是覺得從內部提拔比較合適。和往常一樣，公司對全體員工展開全方位、大規模的培訓，從業務技能、技巧到專案管理、人員管理等方面，部分培訓課程還專門針對公司的優秀員工和準部門經理進行。培訓師從公司內部一直挖掘到公司外部，也請來了不少業內外的講師，希望幫助公司這些優秀員工代表更快更好的成長起來，擔負起相關的重任。

對於中層斷層及部分優秀的員工不敢擔任中層職位，有的公司主管甚至認為他們無法被扶植，可是對於這樣的優秀員工又不得不有所倚重，實在是讓高層頭疼。

企業總經理是「天」，基於企業的使命和願景，他要制定企業長期的發展策略和發展規劃，把握企業總體的發展方向和目標；而基層的員工則是「地」，他們基於自身的專業技能和知識經驗，確保自身職責範圍的工作順利執行，讓企業的目標最終落地；在「天」與「地」之間，卻有一個必不可缺的環節——中層管理者，他們既要「頂天」，又要「立地」，既要把組織的目標翻譯成各部門專家聽得懂的語言，又要把專家的產出進行整合，確保各部門成果能達成企業的總體發展目標。因此說，中層管理者是一個公司能否正常發展下去的主要因素。而用好中層、留住中層卻不是一件容易的事情。

據某調查資料顯示，中層管理人員的離職率（31%）遠遠高於市場平均水準。在中層的培養上，最糟糕的情況莫過於中層的出走甚至反叛，而中層反叛的情形中，最糟糕的莫過於中層管理者集體叛變，或者中層帶領團隊集體叛變。個別人員的出走帶來的影響企業或許尚能平息，可是中層團隊的出走，任何企業都避免不了承受一股人事變動。

曾經有這樣的一個總經理，時不時會當著銷售部經理王某的面，說企劃部經理張某講你的缺失；某天，又會當著張某的面，說王某說你不夠優秀。其實，那些話根本就是這個總經理自己編出來的，王某、張某從來沒講過。

有一天，又對銷售部王經理的部下小馬說「公司準備將市場一分為二，王經理負責一塊，你負責一塊，好好做。」隨便一句話就將小馬轉變成了王經理部門的對手，搞得本來做得不錯的王某就快變得神經衰弱。吃力不討好，萌生辭職之意。

很多中層管理人員就是因為看不慣公司總經理的所作所為而憤然離職。

長久以來，絕大多數企業對中層管理者的獎勵方式十分單調，人們往往認為留住人才的最好的辦法是加薪，事實並非如此。也許員工在一段時間內在意薪水，但是如果對工作前景失去信心，他們遲早也會離開公司的。國外公司普遍認為，最難留住的人才是中層管理人員，特別是在公司任職三至八年的管理人員。他們熟悉公司的經營之道，但是獎勵和升遷的機會較少。同時，公司總經理在做決策前也往往沒有與中層管理者進行充分溝通，各自對目標的理解存在偏差，從而導致決策的偏差。工作自主性、決策參與機會以及組織支援等變數，也都對中層管理者的工作倦怠有一定的影響。中層管理者通常既沒有重大權力，也沒有很大責任。

企業的中層管理者是工作壓力最大的群體，他們普遍存在工作負荷過大、存在角色模糊和角色衝突，以及缺乏工作自主性等問題。對於普通員工來說，中層管理者是上司，代表著高層與企業；對企業的高層管理者而言，中層管理者要接受下屬的職業準則，嚴格執行上司的決定。作為上司，中層管理者一般希望盡可能多的把例行事務分派給下屬，自己可以有多一些時間用於管理;作為下屬，則又要幫自己的上司處理一些雜務，沒有時間處理自己的事情。作為上司，下屬犯了錯誤需要指正甚至責罵；作為下屬，又要接受來自上司的責罵指正。當上司和下屬這兩個角色切換過於頻繁，彼此的界限又不明確，就會使兩者的角色內容發生混亂和衝突，造成工作壓力，這也正是中層管理者在工作相關因素方面與其他行業人員的最大區別所在，更是他們頻頻離職的原因。

個人原因

張小姐今年二十五歲了，她有一雙大而黑的眼睛，講話速度很快、比較有條理。大學本科學歷，主修企業管理。大學畢業後，就到了一家頗有名氣的企業擔任中層管理人員，工作了一年多，她覺得自己很難與總經理和平相處，兩人在一起時，不是爭吵就是「冷戰」，於是她選擇了跳槽，到了新東家那裡不到半年，覺得和幾個部門的主管很難合得來，就接著跳槽，到現在已經是第四個東家了。她說自己對中層管理者這個稱呼開始時還感覺很不錯的，時間一長就會產生厭倦情緒！工作不到兩年卻已經換了四份工作。目前她準備再一次開始尋找充滿新鮮感的工作，但是隱隱約約的感覺到這次的決定似乎還沒準備好。

目前，中層管理者跳槽對企業來說似乎是司空見慣的事了。但是，研究這些中層管理人才的流失對於企業長期的策略發展有著極其重要的意義，如果企業沒有足夠的人才儲備，就不能保證人力資源的連續性，更不用說提高企業的核心競爭力，所以在企業的人力資源管理中要採取積極的人力資源策略，防止骨牌效應的出現。

企業的中層管理人才危機管理就是要在人才危機發生之前採取措施，及時發現與預防，並在人才危機發生之時和之後當機立斷，找出人才危機的原因，採取對策，把人才危機給企業帶來的威脅與損害減少到最低程度，使企業健康、持續發展。

1. 樹立危機意識

人才危機管理一定要防重於治。在具體的處理過程中，要以中層管理者利益為重，堅持與中層管理者積極溝通，樹立人才流失的危機意識，建立危機預警系統。企業只有樹立人才流失的危機意識，才能有緊迫感、才能提前防範、才能實現企業的持續發展。企業應認知危機，建立中層管理人才預警系統、確定危機管理的策略戰術、加強企業與人才之間的溝通、及時了解人才的異常行為、儘早發現人才的流動意向，並採取合理的改善措施。以下就企業如何防範中層管理人才危機提出幾點建議：

第一，營造良好氛圍，加強與中層管理者溝通。環境對他們是否離去相當重要，良好的環境對中層管理者是一種激勵因素。具體來說，企業環境包括制度環境、工作環境、人際關係環境和心理環境等。企業總經理要經常關心中層管理者的工作、學習、生活，幫助中層管理者排憂解難，使他們在輕鬆、和諧、向上的環境中工作。

第二，樹立以人為本理念。加強企業文化建設。企業應堅持以人為本。在物質上，滿足中層管理者的基本需求、力求使他們的付出與所得相符；在精神上，應尊重人才、關心人才、愛護人才，定期對各類人才的需求進行分析，有重點的展開培訓教育工作，增強中層管理者對企業的認同感。

企業文化對中層管理者心理可以產生強大的影響力，是企業成員共同遵循的價值觀、基本信念、經營哲學、道德風氣和行為準則。優秀的企業文化具有巨大的凝聚力與號召力，可以做到防止人才流失、聚集優秀人才的作用。企業應培育良好的企業文化，全面樹立和落實以人為本理念，營造以關愛人才為基礎，以培養人才為宗旨，以企業持續發展為根本的具有強大凝聚力的企業文化。

第三，優化人力資源管理，健全薪水獎懲制度。不合理的薪水獎懲制度會使中層管理者產生不平衡感，甚至放棄對公司的信任，企業應制定具有吸引力的薪水獎懲制度，用待遇留人。要使人才培訓後長期留在企業，關鍵要在中層管理者的需求和企業的需求之間尋找最佳結合點，使中層管理者接受培訓後，能夠在企業實踐中應用培訓成果，能夠發揮專長與技能，從而表現自身的價值。同時，企業應讓中層管理者明瞭他在公司的發展前途，幫助他規劃其職業生涯，為他們提供晉升發展的機會。同時，企業在薪資方面，應該向中層管理者傾斜，根據中層管理者對企業做出貢獻的大小給予相應的薪水，對於工作業績好的中層管理者實行物質獎勵或職位提升，讓優秀中層管理者的價值得到表現。

第四，建立人才約束機制，完善企業保障體系。建立技術保密、違約賠償和培訓賠償等有形約束機制，運用經濟和法律的手段約束中層管理者行為，保障企業各利益主體的合法權益，使中層管理人才流動有法可依，減少中層管理人才流失對企業帶來的負面效應。

2. 及時挽救危機

當企業中層管理人才流失危機嚴重時，要立即成立危機管理機構，選擇那些熟悉本企業員工團隊和本行業內部環境，有較強溝通能力、領導能力、處變不驚、仔細嚴謹、具有親和力的管理人員或專業人員來總攬全方位，迅速做出決策。此時，總經理需要果斷決策，沉著冷靜，而不可拖延時間，否則，危機可能進一步惡化、蔓延，甚至引發其他危機。因此，及時採取有效措施是企業化解人才流失危機的關鍵。

3. 防範危機重來

企業中層管理人才流失可能導致企業的全面危機——信任危機、品牌危機、管理危機，因此企業有必要在危機發生後做出事後總結，進行事後管理。中層管理人才流失的危機事後管理主要包括三大內容：首先，對中層管理人才流失的原因和企業採取的相關預防和處理措施進行系統調查；其次，在了解中層管理人才流失的真正原因後，企業高層應對危機管理工作進行全面評價，包括對危機預警系統、危機決策方案和危機處理後果等各方面做出評價，列出危機管理工作中存在的各種問題；最後，對問題進行分析，分別提出整頓對策，督促各部門改進工作，防範中層管理人才流失危機的再度發生。

中層女性也危機

時下的企業殘酷競爭導致出企業間人才的白熱化競爭，中層管理人才危機成為眾多企業家共同的呼聲。目前來看，中層危機不光是男性中層的危機，中層女性也危機。據一份職業調查展現，在中層管理者中，男性是 57.9%，女性基本與男性平衡——42.1%，但是男性在高階管理人員的職位上比例躍為 83.4%，而女性僅為 16.6%。而另一則調查顯示，女性有過一次至兩次跳槽經歷的比例為 45%，而男性的比例僅為 31%。若是把這兩個調查聯繫起來看，我們就會發現，不少職業女性在進入中層一段時間之後，確實會發生心理上中層危機。

從 1980 年代開始，社會研究中即有「玻璃天花板」的理論出現。由於婦女的職業選擇和職務晉升被一層玻璃擋著，可望而不可及。為了打破「玻璃天花板」，國際社會已經建立了有規模的組織與社會機制制約「玻璃天花板」的作用。

職業女性的「中層危機」一般會發生在二十八歲至三十五歲之間。女性在發生危機的時候，一般會出現兩種情況，一是對自己持有懷疑態度。有時會對前途甚至自己存在的價值產生根本的質疑；二是由於經歷了比男性更艱苦的證明自己價值的過程，一些女性開始厭倦超負荷的工作，嚮往朝九晚五的平凡小職員生活，另一些女性則開始嚮往相夫教子的家庭生活。女性的這種中層危機感有時候表現得非常強烈，甚至會選擇回家。

問題是：不少發生過職業危機的中層女性並不認為自己的職業危機是職位晉升上的「玻璃天花板」造成的，她們反而覺得，當自己年齡越來越大，如何在家庭與事業當中找到一個平衡點對她們來說更加重要。在這種心理引導下，丈夫的發展和孩子的誕生都可以成為女性回家的直接導因。女性回家到底是為了丈夫和孩子，還是以此為藉口逃避職業壓力，實在難以分清。事實上，社會固有的性別與家庭觀念本身即是玻璃天花板的一部分，大多數女性是身在玻璃天花板下而不自知而已。

一項專項調查中顯示：外商企業高階上班族女性最希望公司給予什麼？有突破天花板欲望的女性並不多，希望公司給予升遷的只占到 10%。這也是女性中層不能贏來更大機會的一個內在原因，在某些女性的心理深處，中層也許是一個不錯的位置，是個人生活和事業的最佳平衡點。能夠坐到高級位置的女性永遠是鳳毛麟角，這一切往往需要超乎常人的付出才能夠獲得。她們忽略了自己的女性身分，或放棄了做母親的權利及犧牲了家庭時間，而成為一個狂熱的工作愛好者。如果女人要想像男人那樣有所成就，她必須具有堅毅的性格，視事業目標高於一切，包括高於家庭。職場女性一般根據選擇成為哪方面的主人，來進行個人生活和職業的選擇；然而無人能成為兩個領域的主人，因此她的選擇往往是個危險的結果。

中層職員工作壓力大的，有半數都產生過「揍同事」的念頭！這是英國公布的一項調查結果：高負荷的工作、愛出毛病的電腦還有惹人煩的同事都是這種「憤怒」的根源。

事實上，從中層管理升入公司最高層的只有一小部分人。從美國五百家大企業的高層經理中只有 3% 為女性來看，這是十分恰當的說法。然而越到高層，女性越少，就越顯眼，也就變得更難適應。

所以，容易走極端的心理是女性中層管理者難以在晉升競爭中取勝的主要原因。這些不良心理一般表現為：

1. 結果就說明一切。
2. 必須靠關係才能得到提拔。
3. 必須冷酷無情才能獲得成功。
4. 必須懂得謙虛禮讓功勞。
5. 必須懂男性上司的心理才能得到提升。
6. 必須有謀士為妳鋪平道路。

從內心深處來講，女性中層管理者大多數很怕在生活中把自己放在主動的位置上，而習慣把自己放在一個被動的位置上，我們常聽到一些女性中層管理者的感嘆：工作使我們疲於奔命，愛情使我們傷痕累累……其實每個女性中層管理者所面臨的困擾都是差不多的。

在女性中層管理者工作中，細心的一面使女性中層管理者能在工作之餘比較好的體恤下屬，寬容的一面可以具有更好的人際親和力，這些都可以在溝通時少一些障礙。

儘管在很多企業內確實有「玻璃天花板」存在，有的甚至還是鋼化玻璃做的，但是女性中層管理者依然可能獲得成功。首先，根據面臨的新情況而作出具體判斷；其次要廣交豪傑，結交朋友，建立社交圈，尋求前輩的指導，對每個人來說都是基本的職業技巧，但如果妳是一個「局外人」，工作會困難更多；最後是要懂得強調積極正面的東西。

第三章

高層之惑：誰是適合的人才

手中無將，高處不勝寒。企業普遍缺乏合格的中層，中層危機成為企業成長之困。調查發現，面對中層危機，企業總經理顯露出莫大的困惑：一種情況是中層與企業能同甘卻不能共苦，翅膀硬了就想飛；另一種情況是只會埋首工作，卻不知道抬頭看未來發展局勢。如果還可以原諒的話，許多中層在自認為打下一片江山後，就安於現狀，沒有一點進取心的表現就不可容忍了。

一將難求的尷尬

某房地產的銷售經理老楊最近遇到了一件非常奇怪的事。一天，客戶執意要買名嘴顧問提到的房產，並點名要老楊幫忙講解。老楊雖然大惑不解，還是按自己的工作經驗，認認真真把專案的規劃、地段、園林、設計、戶型等平時培訓的內容全部複述了一遍。在回答了若干刁難性質的問題後，最後這位先生把他叫來身旁，表明自己的真實身分。

原來，該客戶是一個開發商，因為第一次做房地產，不想貿然請仲介公司幫忙，希望找一個操盤手，從前期設計開始做起。經過事先的了解和上述的考核，他認為老楊不但頭腦靈活而且經驗豐富，並且很懂銷售，想挖走他。該總經理承諾，如果老楊願意，他願高薪誠聘。之後，他以高年薪成功挖走老楊。

某外來開發公司聘請了本土一知名仲介公司做銷售代理。在一次例行會議上，仲介公司專案主管陳述完自己對專案的看法和定位的分析之後，開發公司總經理想知道該主管的薪資，沒等代理公司專案主管回答，開發公司總經理當眾用兩倍薪水請他跳槽。

這就是苦於找不到合格的中層管理人才而去挖別人牆角的例子，由此可以看出，企業缺乏得力的中層管理者已經到了何種程度。

目前，企業的中層管理者主要分為三種：一是剛被提拔到中層，資歷低、熱情高、具創新活力，管理經驗需鍛鍊成長，能很快的接受新鮮事物，但是比較浮躁。二是「非問題的問題中層」，往往與總經理打天下或多年跟隨而來，職位穩定卻又無法突破的瓶頸，心理飽和、熱情殆盡趨向保守、沒有幹勁。三是浮躁和消極情緒少，狀態、能力都與企業發展需要結合得天衣無縫的中層，貢獻度、忠誠度高。

以上兩項就是中層危機的主要問題來源，因為他們的不合格、不勝任而使企業遭受損失，而數量達到了一半以上。後者則特別可遇而不可求。

一家從事家電銷售的專業服務公司，經過創業階段，目前已經站穩了腳跟，業績持續成長。隨著銷售團隊的增大，公司迫切需要建立完備的管理體系。可是公司創始人王總為難的是：一起創業的人員連同銷售業務共三十多人，兼備技術、銷售和管理能力的銷售經理真挑選不出一個來。

企業尋找中層管理者最好的是「德才兼備」，然而「全者」有幾人？

有德無才中層管理者充其量是個「好人」，碰到大是大非，便手足無措，碰到困難就大驚失色。不壞事就可以了，無法談什麼同舟共濟、共度難關。

有才無德的中層管理者，才華橫溢、聰明過人，然品行不端，用其聰明尚可，可難以委以重任，否則危害更大。重用他的話，企業會倒楣，這等人何其危險，用其必受害。

有才又有德的中層管理者就是先鋒勇士型人才，這類人才是典型的任務導向性，並且能做到以身作則，親自衝鋒陷陣。

這類中層管理者可能是因為業務能力高強而提拔起來的，通常自己一個人做事很乾脆、效率比較高，所以習慣事必躬親，把其他成員淪為看他表演的「觀眾」。這樣的中層管理者本質上並不是管理者，絕大部分任務是靠自己親自動手完成的，而管理的重點是透過他人的努力完成既定的任務，這類中層管理者更像一個業務能手。遺憾的是，這種管理風格會使其他專案成員非常迷茫且沒有成就感，得不到應有的鍛鍊。事實上，任何一個成員參與到專案中來都有一個潛在的需求，就是透過參與專案來累積經驗、鍛鍊自己、提高自己，當一個專案結束時，專案組成員是否得到長足的鍛鍊和提高也是考量中層管理者是否優秀的一個軟指標。很顯然，先鋒勇士型中層管理者是不考慮這些的。

不合格中層管理者對企業就是一塊食之無味棄之又可惜的雞肋。這樣的中層管理者主要表現在責任心不強烈、缺乏職業素養、工作熱情投入度不夠；對同事及工作的包容性差，不能接受不同意見和觀念，猜疑心重、心胸狹窄，惡意以下犯上，與高層普遍關係緊張。不能與時俱進的中層常是創業老臣，有一定股份卻不能跟上企業發展需求。這時應該管理權與所有權分離，可以將創業老臣組成監督委員會或顧問團，不插手日常運作，讓職業經理人來支撐企業的高速成長期。可是中層不合格，原因也可能在高層：自擁黨派、高層無核心、不能公平公正，黨同伐異、說到做到。

最近幾年，製造銷售較複雜機器的某精密機械公司在招募中層管理職位上不斷遇到困難。目前，重組成六個半自動製造部門。公司的總經理相信這些部門的經理有必要了解生產線和生產過程，因為許多管理決策需在此基礎上做出。傳統上，公司一貫是嚴格的從內部選拔人員。公司不久就發現：提拔到中層管理職位的基層員工缺乏相應的適應新職責的技能。

因此公司決定改為從外部招聘。透過一個職業招募機構，公司得到了許多有良好訓練的工商管理專業作候選人，他們錄取了一些，並先放在基層管理職位上，以便為今後提為中層管理人員做準備，不料這些人在兩年之內都離開了公司。公司只好又回到以前的政策，從內部提拔。又碰到了與過去同樣的素養欠佳的問題。不久將有幾個重要職位的中層管理人員退休，他們的空缺亟待稱職的繼任者。

在一次聯合企業招聘活動上，幾十家公司推出了行銷企劃、財務總監、人力資源、品牌經營等高級職位供應聘者選擇，可是回應者寥寥無幾。某高科技企業有十個經理職位，慘澹到僅一人應聘，又因為其綜合素養較差，最終告吹。還有一家電力工程公司和一家房地產公司的高級管理人才職位，也無一人應聘。

造成高級經營管理人才供求嚴重失衡、缺乏是什麼原因呢？「管理人才需求結構發生變化是供求失衡的主要原因。」有著嫻熟專業知識、良好素養、寬闊視野以及具有市場開拓能力的優秀管理人才成為人力資源部尋覓的重點。這次聯合企業招聘活動雖有畢業於美國麻省理工學院、英國伯明罕商學院、莫斯科大學等名牌學校的人才前來應聘，由於其僅有專業知識，缺乏創新能力和市場意識，加之無經營管理經驗，因而落聘。另外，管理人才職位變更週期長，流動率不高，一些管理人才沒有進入市場也是一個重要的原因。

現在企業招聘人才，公司對他和他自己對於職位責任的認定不一樣。企業總經理關注的主要利益點表現在短期是業績表現、策略執行；長期是未來企業前景和退休交班的要求。總經理期望過高，希望一個中層就面面俱到；而中層主要關注自己職責部門，對其他外加壓力反感。人力資源部又是怎麼看待這個問題的呢？畢業於大學經濟系的林先生說，自己早在 1994 年就是一名高級管理者了，目前已升做總經理。既做過應聘者又當了企業招聘負責人的他，對此深有感觸：從管理人才自身來看，很多人為了找份好工作才去學 MBA，可是他們根本沒有實際管理經驗，缺乏企業管理所必須的技巧；從另一方面來說，企業沒有營造出適合高級管理人才生存的良好環境，願花錢培養人才、有策略眼光的企業很少，這遏止了不少高級人才的發展。

商戰就是人才戰，選拔、留用問題最為關鍵。這個時候若流失中層的職業素養不高，對原公司拒絕協助或打擊報復，後續中層的接班又在短時間內融入不了企業，空缺的就不僅僅是 25% 的利潤。

能同甘卻不能共苦

某房產公司試圖擴張，公司的資金流也出現了問題。針對這個問題，公司董事長趙先生在公司員工大會上對當前的緊迫形勢做了分析，並且對公司將來的發展前景也做出相當可信的規劃與設計，現時勉勵全體員工咬緊牙關，艱苦奮鬥，迎接公司下一輪的發展。讓趙先生始料未及的是，會後不久，就有財務、工程管理、設計等多名中層人員集體跳槽。

企業經營的風險始終存在，中層管理團隊的穩定一直是令企業總經理頭痛的問題，特別是當企業經營一旦出現風險時，最先選擇離開的往往是能力最強的中層管理人員。因為他們在企業發展的同時隨著也打拚了許多年，這使得他們具有較強的職業技能和豐富的管理經驗，同時又是人才市場的寵兒，一旦他們離開本公司，迅速找份新工作並不難，有的企業甚至因此走上破產之路。

某服裝設計公司從 2004 年誕生至 2008 年 3 月，在各城市擴張近八十家分店，迅速成為服裝百貨最大連鎖零售機構。隨即公司追求的上市計畫因為有問題未實現。從 2008 年底開始，各地供應商紛紛前來討貨款。財務上的時間節點為 2008 年 8 月份到 9 月份，該公司給各地供應商的貨款能拖則拖。供應商年後仍然沒有盼到現金到帳，開始了新一輪的討款之路。前往討款的供應商驟增，他們開始擔心該服裝設計公司就此倒閉。各地連鎖店已經有不小規模的縮減，從前後公開資料的對比，縮減規模達一半以上。

與此同時，公司內部問題也開始浮現，部分內部員工也開始對集團前景感到憂慮。包括集團執行長、營運、採購總監在內的主要中高階管理人員悉數離職。

在金融危機的衝擊之下，對於服裝設計公司和供應商們來說都不輕鬆。服裝設計公司首度公開承認破產，表示給供應商開具支票，承諾年底之前還款。供應商無計可施。對於這家公司到底何去何從，各方均在觀望。

一位日本管理學家明確指出，企業和員工之間的僱傭關係與現實生活中夫妻之間的婚姻關係是極為相似的，兩種關係都具有兩個顯著的共同點，這兩種關係都同樣建立在兩大基礎之上：一是相互能夠提供價值；二是相互尊重與信任。需要特別指出的是，無論是在僱傭關係中，還是在婚姻關係中，這裡所謂的價值都並非指單純的經濟利益或者金錢交換關係。

說到企業和員工之間的僱傭關係所出現的變化，其實可以從婚姻關係在近些年發生的變化以此類推。當今社會對離婚的態度與二十年以前相比已經發生了非常大的改變。如果一對夫妻二十年以前走上離婚的道路，無論是在外人的眼裡，也無論離婚的原因是什麼，還是在作為當事人的夫妻心目中，都會覺得是一件非常令人難堪、讓人丟臉的事情。所以，除非迫不得已，夫妻雙方是不會走上離婚這條路的。而今天，大家對婚姻的看法已經與過去有了很大不同，無論在社會的接受度上，還是在法律上，對離婚行為無疑是越來越包容，越來越表示理解了。

2005 年 9 月，幾間汽車公司首次參加國際性的展示活動，由國外網站傳到國內一個爆炸性的消息：由 ADAC 全德汽車俱樂部公布的檢測結果，A 公司的越野車是二十年來所做測試中品質最差的車！德國的各大新聞媒體競相傳播此消息，其中包括德國最大的新聞電視台 NTV、著名的南德報都對此進行了報導。他們拿出了檢測棒做正面碰撞測試：在僅僅時速六十四公里的情況下，車子完全損壞，司機沒有任何的生還機會。

A 汽車公司當然先一步獲悉這一消息，在公司召開的對策大會上，公司總經理明確指示，應對只有兩條路：

第一，立即回收，承認品質有缺陷是第一條路。在海外售出不到四百輛，本土回收更簡單，就是贈送一桶潤滑油。越野車回收對於國外公司早已稀鬆平常，但是對於本土消費者來說，回收依然能夠局部表現其品牌的責任感。不過收回後的銷售影響太大，因為購買越野車不是普通的上班族，消費者購買這款車的往往都是越野車的車友，他們對事件的認知也是比較專業的、理性的，因此回收車並送贈品的概念並不能改變車友的壞印象。

第二，把國內的輿論導向「陰謀論」——為什麼測試結果在法蘭克福車展期間公布？為什麼這樣一款市場認可的越野車第一次到歐洲就遭遇「特別」的待遇？

正當公司正逢危機的時候，公司的行銷主管、總工程師、品質經理等一大批人員先後遞交的辭職報告，使得總經理感覺中層管理階級無法共同承擔責任。

能為員工提供一個愉快、開心的工作環境的是良好的企業文化和氛圍，可以構建一個比較和諧的人際關係，讓員工對這個環境產生留戀心理。如果一個公司整體缺乏一個積極向上的氛圍，公司內部人際關係緊張，也會影響到員工的精神狀態和理想追求，從而產生辭職的想法。而企業最為常見的現象是

「任人唯親，而非任人唯賢」。尤其是家族企業，他們常常將重要的職位交給自己的家族成員，而這樣出於親屬關係的選擇，往往意味著效率低下和冗員，而低下的效率和冗員又會使有才能的人對企業產生失望，從而選擇離開。企業在聘用和甄選人才上，未將最適合的人才聘用或是被選用的人才職業道德不佳，這也是導致員工日後離開企業的原因之一。

某公司經營牛肉銷售，近幾年發展很快，銷售量從幾百萬發展到幾千萬公斤，2007 年銷售額已經突破了億元。公司上下基本上是總經理的親朋好友，特別是在一些重要的職位方面。隨著品牌越來越知名，一些意想不到的麻煩也隨之而來，有的簡直讓總經理措手不及。

2007 年 8 月總經理看到網路上關於自家公司的牛肉存在安全隱憂的新聞和圖片。總經理決定通知各個部門，召開緊急會議。之後不斷有人來詢問，包括經銷商、記者、朋友、家人等等。當天晚上連夜讓人趕寫聲明稿，表示品質沒有問題，一定會對消費者負責。食品安全署的人開始到工廠檢查各種細節；很多超市為了顯示自己對消費者負責，紛紛將牛肉撤櫃。而總經理想讓公司的品質總監出來替公司召開記者會，沒想到總監竟不辭而別了！

所以，公司在招聘人才時，應該注意選擇道德素養比較高的員工，務必要慎重錄取那些一年換一個公司甚至幾個公司的中層管理者。同時，企業應選擇那些潛力、價值觀與公司制度和文化相一致，能夠維護公司聲譽並完善公司品格的人。企業還應根據企業的特點招聘合適的員工，就像一家知名的紅酒公司的執行長所說：「我們只要和我們同心同德，有個性的員工，與公司文化協調一致，我們要的是白頭偕老，像一樁美滿的婚姻一樣。」

翅膀硬了就想飛

某科技資訊有限公司是最早從事政府部門資訊系統建設的網路公司，雖然公司的業務在不斷擴大，但是公司成長期間人才不斷流失。目前約有一半以上的新創公司創辦人是從該科技資訊有限公司出去的。

如果一個公司中層管理者突然離職，並在本行業自立門戶，通常會給該公司帶來嚴重的負面影響。如何減少負面影響，甚至變被動為主動，把它作為一種雙贏的機遇，對於公司總經理來說，是必須妥善處理的難題。中層管理者辭職自立門戶，其原因就是公司不能滿足這些員工的成長需求。所以，公司必須不斷探索如何滿足中層管理者的物質需求、精神需求和成長需求，這些是比高薪更能滿足員工的有效方法。

2003 年，曾為許多國內外企業提供了功能變數名稱、郵件服務；為企業提供虛擬主機、網站託管服務，同時為企業設計開發了基於網路的各類商務應用和管理軟體，是目前最大的網路應用服務商之一的 S 科技公司。資方後來將公司全部股權及業務出售給另一間公司後，原科技部門高層、中層管理者集體辭職。他們離職的理由就是此次收購來得很突然。自 2003 年 1

月起正式向公司內部發布即將被收購消息時，公司高層都感覺措手不及，主管公司營運的執行副總以「不能理解新公司理念」為由首先辭職。各地分公司高層及所有員工於 2003 年 1 月底集體辭職，誓與總公司「決裂」。

該科技總部公司在 2003 年人員辭職過半，急招人員補充空缺，原有業務停止處理。主要營業專案，如功能變數名稱註冊、虛擬主機、企業信箱服務等業務，因公司被收購，原有登記註冊功能變數名稱的使用者以及功能變數名稱銷售代理商不知如何與公司聯絡，其網站上人工語音和電話的投訴數量也與日激增。

2003 年 2 月中旬，儘管新公司的高層來到該科技公司總部，與舊管理層的交流中明確表示，對於未來經營及決策有絕對領導權，並希望在職員工如無特殊情況要安心工作，近期將不施行對公司內部改革。但是大部分離職員工還在觀望，還有分公司傳出陸續集體辭職，欲打造另一家公司。

不管是公司被收購了還是出賣了，這些舊中高層管理者都曾經與這個公司一起奮鬥過，在為公司創造了良好的成績時，也為自身鍛鍊出了一套本領。當新公司高層要求他們再努力時，他們卻集體辭職了，這又是一個「翅膀硬了就飛了的」例子。

曾幾何時，尋找有能力的中層管理成了所有總經理的共同追求，自己公司有而且大量有能力的員工是所有總經理的共同願望。但是在努力的尋找之後，好像不但沒有出現適合的中層管理者，也沒有出現願意「自動自發」的中層管理者，更沒有做事「沒有任何藉口」的中層管理者，總經理甚至還發現了更多壞中層管理者類型。

一家網路教育發展公司中的網路學院技術部經理余先生，主要工作是統管網路學院遠端學習整體方案設計及互動課程專案，還負責對部門員工及公司相關人員資訊技術培訓。他當初進這家公司，是為了讓愛好與工作並存，如今，心力交瘁的他感到這段「姻緣」走到了盡頭。

余先生剛進入網路教育發展公司就被委任以重任，對一直做多媒體和設計方面工作的他來說是一個很大的挑戰。第一年，他只是處理一些非常基礎和簡單的雜事。此後，他有機會參與公司的主要專案並圓滿完成任務，讓上司和合作部門對他的工作態度和能力非常滿意，順利升遷為主管。由於公司業務發展需求，開設網路學院並且在外地架設教學中心，這個工作時間很緊及，還要求具備網路方面的知識。這對從來沒有施工經驗和網管經驗的他來說是一個挑戰，在其他同事的協助下，建設教室、選購軟體產品、搭建網路。終於，在規定的半年時間內完成了網路學院的初期建設。

網路學院經過兩年的擴建和改進，已經基本上適應了工作的需求。工作的中心也逐漸偏移到了網路管理和施工維護方面，余先生也升到了技術部經理的職位。他卻在公司最需要他時遞交了不該遞交的辭職信。

由於中層管理者工作能力與職位匹配度的差距，在跳槽的過程中往往是截然相反的兩個結局，對個人職場定位的模糊、對企業職位職能的分析不精，為了高薪而盲目跳出去，吃力的應付工作，不僅拿不到高薪，個人能力也受到人資部門的質疑。

當然，中層管理者往往在企業中承上啟下，既是負責業務，同時還肩負培育新人、帶領團隊的職責。擁有一批優秀的中層管理者，不僅使公司發展有了中堅力量，更為高管團隊做好了人員儲備。

同時，世界上很多知名的大企業都把「員工與企業共同成長」作為自己在競爭中贏得優勢的重要手段。美國《時代週刊》曾這樣評價 IBM：「沒有任何企業會這樣對世界產業和人類生活方式，帶來如此深遠的影響。」探究 IBM 成功的原因，把員工自身價值的實現與企業的發展結合起來，關心和積極幫助員工的個人成長，讓員工與企業共同成長，是 IBM 成功的真正奧祕。某些本土企業家也對公司的員工，尤其是中層管理者有過無微不至的關懷，可是曾受公司關懷過的中層管理者卻在功成名就之後離職，這讓企業總經理們懊惱不已。

2008 年，某電信業者拋出了裁撤簡訊業務部門這一消息，震驚了手機廣告業界。原全體高層、中層管理者集體離職出走的消息被媒體踢爆後，隨後集體離職還有大部分技術和業務人員。某電信業曾占大半電信市場，就在一夕之間名存實亡。

其實，該電信公司已是第二次大規模人員離職事件。2006 年 12 月，在集團壓力下，大規模裁減五十餘名員工。從上一次裁減無線網路廣告業務板塊到後來高階管理人員及旗下員工集體離職，在短短兩年時間屢屢發生人事變動。

只會埋首工作，不會抬頭看未來局勢發展

著名的彼得原理（Peter Principle）：「在一個等級制度中，每個員工趨向於上升到他所不能勝任的位置。」有些企業總經理在不知不覺中竟成為彼得忠實的「粉絲」，他們認為，不論哪個員工當他能勝任該工作，並且一直表現優秀，就應該得到晉升，以便他們能繼續做得更好。假如每個新職位都能勝任，那麼他們就有資格從一個位置晉升到另一個位置，直至該工作超出他們的能力範圍之外。於是，出現中層管理者不能勝任管理工作的情況也就不足為奇了。

某機械公司由於業務發展迅猛，公司總經理迅速提拔了一批業務人員到管理職位。這些人員在銷售和技術方面相當出色，但是管理技能卻十分欠缺，眼裡只有個人和部門的事，團隊經營一團糟，更主要的是不能體會高層的發展策略。

企業不同的發展階段需要不同的人才。在起步階段，銷售和技術人員是最緊迫的，但是發展到一定時期，管理人才必須迅速跟上。由於企業發展速度快，內部人才的轉型往往跟不上節奏，問題就出現了。關鍵在於他們擔任管理者後，負責的不是自己一個人的工作，而是一個團隊、一個部門，甚至是多個團隊、多個部門的工作。他們不可能在具體的事情上計劃和指導，其角色發生了改變，必須為團隊和部門進行規劃。

某企業一位中層管理者在參加完一次大型展覽會後坦言：

「我們做事只是在『埋頭拉車』，忘記了『抬頭看局勢發展』。這次展覽會確實吸引眾多的人前來參觀。展覽會要有新意，目的只有一個 —— 招攬更多生意，讓更多人注意，所以展品的擺設、展品的準備、接待的態度、對於產品的介紹都是為了讓更多人注意。結果是台前雖然匯集了各路族群，似乎很有效率，但是毫無效果。由於過分強調招攬人，以至於大家把招攬人當做目的。真正的產品沒有讓真正的客戶了解清楚。

在現場擺放的都是發泡劑所能生產的泡沫混凝土及水泥發泡機，結果泡沫混凝土做了很好的廣告，但是沒人知道材料的用途，根本不是購買產品的客戶。而我們浪費很多時間與精力去接待，因為沒能很好對真正潛在客戶與現實客戶介紹我們的產品而失去合作的機會，這是在幫助同行成交了。我們耗費大量時間去服務那些與我們毫無相關的人，而卻忽視那些真正需要服務的人。」

許多中層錯把方法當目的是迷失了自己的根本原因，這在企業管理過程中屢見不鮮。儘管很多人不願意去承認。因為大多數中層管理者覺得自己只會在複雜的事情面前會失誤，而不會想到會在如此簡單事情上失敗。不去正視自己失敗，那是對自己及公司最嚴重的傷害。

某科技公司的部門經理趙先生是去年從公司內部提上來的中層管理人員。到部門經理工作也快一年了，在這段時間當中，也讓公司李總經理又愛又恨的。論管理才能，趙先生算是非常善於獨立思考問題，並善於發現處理萌芽狀態的問題，善於用有價值的獨特見解果斷處理棘手的問題。他還是個勇於創新的開拓者，是屬於實做那一類管理者。辦事能力強、工作中勇於大膽設想、標新立異、另闢途徑，開拓能力卓越。此外，趙先生還肯學習、善於學習，善於從書本上、從別人的經驗教訓中總結經驗、吸取教訓，勤於思考，提出適合本公司實際情況的方法、步驟。但是，儘管趙先生的工作能力較強，每當讓他多做些工作，他就討價還價，只顧個人利益和短期利益；或者工作稍有成績，就想回報，一旦工作中投入大於產出，就滿口怨言。也不善於和別人進行情感溝通，是個不合群的人。

在中層管理工作中，「埋首工作」意味著腳踏實地；抬頭看未來局勢發展意味著堅持不懈。踏踏實實的做好每一項工作、每一件小事，是非常必要的；但是不能光埋首工作，還必須抬頭看未來局勢發展，要目標堅定、持之以恆，不能因為工作中遇到一點失誤或者挫折就放棄目標。

如果說除了工作能力很強外，趙先生唯一的毛病就是口無遮攔、得罪過不少人，更嚴重的是，因他無意中向同事透露有可能辭職的打算，就被李總經理「架空」了。現在的問題是，他其實不想離開，卻坐上了「冷板凳」。

一個月前，李總經理突然找他談話，問他對公司是否有意見。當時趙先生就把自己在組織業務團隊的過程中得不到支持的事情說出來。過了幾天，李總經理提拔趙先生手下的業務張經理為副總監，說是輔佐趙先生組織業務團隊。可是張副總監開始搶自己的風頭，什麼事他都要過問。幾週後李總經理又找他談話，說想讓他去培訓部門當總監，原來的工作則由張副總監接替。

因為張副總監向上呈報趙先生已被獵頭公司網羅即將辭職，李總經理則希望在辭職之前能帶出幾個人才。儘管當時有些動心，後來趙先生覺得與其到大公司做中層，按部就班的工作，不如在現在的公司更有挑戰，發揮的空間也更大，所以跳槽的想法早就灰飛煙滅了。

當初李總經理透過一個朋友牽線才邀請到趙先生加入，並沒有簽訂正式的契約，也就是說他隨時可能離開公司而不受約束；其次，挖角在各行各業中都很激烈，人才難保不會流失；有了這些顧慮，李總經理就有了前面的一系列安排。

可是人事命令已布達，經過協商，趙先生暫時去了培訓部門。後來事情並沒有就此結束，公司裡的人以訛傳訛，說趙先生想要跳槽結果別的公司不要他，只好留在公司，後來又讓張副總監上位，現在李總經理漸漸沒有讓他重返業務總監職位的意思。

中層管理者在企業管理中不能只顧「埋頭工作」，忘記「抬頭看未來局勢發展」。只顧「埋頭工作」，就會失去目標，迷失方向，不知自己所為何事。只有不停的「抬頭看路」，不斷去更正自己做事方式，才會讓自己去思考，修正路線，使得目標一致。

安於現狀，你的熱情哪去了？

根據某資料顯示，銀行業中，所在公司的員工流動率超過了 10%。員工流動的主要原因是，27% 的人認為職業前景暗淡；其次為人才被挖角。此外，對薪水或獎金不滿意也是造成人才流動的重要原因。

「中層活躍高層穩」說的是銀行業離職率相當高。非銀行業中層管理人員的總體離職率約為 14.3%。在銀行業總體離職率達到了 18% 是發展相對成熟的銀行，其中，中層管理人員的離職率更高達 18.3%，遠高於高層管理人員（11.6%）和一般員工（17.3%）。即使是那些老牌外資銀行；同樣也要面對離職率 18% 的棘手現狀。

隨著銀行業務的興起，能獨當一面的、訓練有素的中層管理者成為業內爭搶的對象。現在，中層管理人員平均為一家銀行服務的時間僅為 2.3 年左右。國內各主要城市的總體平均加薪幅度約為 9%，金融業的加薪幅度略高於平均水準。其中，金融業的加薪幅度高達 10.7%；基金業、壽險業的加薪幅度超過 10.3%。

以上的案例中，能離職或成為被挖對象的都是一些有活力、有創意、有熱情的中層管理者。並不是說離職被挖牆角是多麼光榮的事。只是想藉此說明：在目前大多數企業中卻有不在少數的中層管理者基本上都安於現狀，沒有了工作熱情。

一般公司都會或多或少有一些從創業初期就在公司的中層管理者，尤其是歷史悠久的公司或在短時間內發展較快的企業內更是如此。大多數管理者都是憑一股不怕苦、不怕累的熱情做到今天，現任業務經理、企劃經理的大都是從生產前線提升上來的。

而許多中層管理者隨著公司發展壯大僅僅依靠年資晉升的。絕大多數人的管理者管理能力還停留在經驗收品管、權威管理的層面，對年輕人缺乏深入的了解和理解，管理方法普遍以管、卡、壓、訓、罰款來解決矛盾和糾紛，缺乏溝通交流和正確的教育方式，將一切錯都歸到員工身上，結果造成大量員工流失，其根本原因是管理者的情緒和處理問題的方法出了問題。企業高層由於長期為訂單奔波，用人疑人，集權管理導致人才不能久留。經營業績有一點成績就開始飄飄然，工作開始華而不實，有時也覺得自身素養有待提升，想學一點什麼，又靜不下心來，做什麼都是走馬看花，出了問題總是抱怨下面的人不行，整天被忙困擾。同樣出現不會授權、不懂如何合理分配自己的時間、大事小事一把抓的糊塗局面。

企業發展到一定的規模時，無論從專業技能還是思考方式、管理能力、工作方法、溝通能力、心理素養、責任感等方面，這些中層管理者都遠遠跟不上企業發展的需求，管理壓力越來越大。並且，相當一部分中層管理者已失去了創業時那股熱情，過去所謂的人才如今已成了企業發展的瓶頸，很多人過去與總經理稱兄道弟，抱持著「沒有功勞也有苦勞」開始享福，隨著企業的壯大如今以感情淡化。

這些中層管理者雖然落後於時代，卻依然沿襲著公司創業初期的那套做法，會阻礙企業發展。他們占據著公司重要營業部門的管理階層職位，會造成業務處理上的不合理以及資源的浪費：對外，他們滿足不了要求「多樣化」、「個性化」的顧客需求；對內，由於他們擔心遭遇有能力的員工排擠，會製造種種與員工不和的事端，寧可將有能力的員工埋沒，也不願使用他們，致使整個組織停滯不前。這種組織層面決定了企業的主要策略思考是由企業家來完成的，而中低層面的管理者和普通員工相對較少接觸和思考這一問題，自然也無法有效承擔策略管理職能。大部分公司不知如何處理這種「沒有任何創新欲望的中層管理者」。

首先必須從管理者的管理能力和心理素養著手加強培訓和提升，對中層管理者加強長期的技能培訓和素養教育，透過轉變經營管理思考，更新陳舊觀念，澈底打破「經驗管理」、「集權式管理」的模式，強化精細化生產流程管理理念，提升中層管理者內在心理素養，使他們的個人目標與企業目標達成相對一致，企業管理的壓力才會減輕。

某電子公司歷史悠久，在人力資源管理上依然採用傳統的年資制度，企業文化落後，銷售額也遲遲不見成長。現任總經理年事已高，退居二線，年輕有為的繼任總經理借著新舊總經理工作交接之機，開始計劃人事上的新變化。

新總經理向擬替換掉的中層管理人員提議新專案就由他負責，可是由於其能力不夠，實現不了目標。

那位中層管理者由於公司交代的事情以失敗而告終，只得認同總經理的使用「空降部隊」的必要性。新總經理採用這種方法，用「空降部隊」代替了公司超過半數中層管理者的職位；也發現了公司內原來沒有注意到的經驗豐富、勇於開拓創新的老一輩優秀中層管理者。他對這些老中層管理者，不僅沒有替換，而且還委以重任，很快就平息了公司內外沸沸揚揚的「要把功臣元老全部趕下台和裁員」的惡劣傳聞。

目前，許多企業總經理或者創始人把企業的經營權交給職業經理人，如微軟、Google、Yahoo 等把創始人和職業經理完美地結合從而打造出世界一流的企業。創始人不離開，更證明他對企業的發展有信心，對管理團隊有信心，對投資薪資有信心。這樣的結合能最好的發揮創始人和管理團隊各自的優勢，讓企業發展得更好，給投資人和客戶最高回報。

「會做業務的不會管理，會管理的不會賺錢」

現在的企業總經理們的痛苦：自己公司的中層管理者何嘗不是這樣？業務好的不會管理，會管理的又不能領會總經理意圖，能理解總經理的融入不了企業文化，能與公司合流的不會調動下屬的積極性，能調動積極性的拒絕承擔責任。總之，企業總經理找不到一個能真正為企業工作的人。

1. 不會調動下屬的積極性

一個生產家用豆漿機的公司，公司發展迅速，現在中層人員都是從公司內部提拔起來的，隨著公司的壯大，中層人員根本不會調動下屬的積極性，只會自己埋頭工作；而且大部分人對公司高層、個人待遇不滿工作，態度消極。每次談完後好情況只會維持幾天，造成公司各項工作不能按時完成，公司內部管理一片混亂。

從現狀來看，企業中層管理人員階層還沒有形成，在整體上中層管理人員的管理水準和職業化管理技能普遍不高，與現代企業管理的要求還有很大差距。這是因為許多中層管理者並不是學管理出身，而是因工作出色，由業務人員提拔到管理職位上來，因此常常沿襲過去的工作和行為模式。對於管理，他們經常依靠零散的經驗和感覺，並沒有真正形成系統的、科學的、實操性的管理技能。

中層管理者的最大職責就是要考慮如何最大限度的調動下屬的工作積極性，讓你的部門有效運轉，快速的拿出業績。你的下屬就好像你自己身上的器官一樣，只有他們協調、努力的工作，才能保證你的健康，同樣，一個部門、一個公司也是這樣，只有各部門員工各司其職，做好自己的工作，才能讓公司更好的運轉。

事實上，很多中層管理者卻不是這樣做的，很多中層管理者都是業務上的菁英，不懂管理。他們往往事必躬親，不懂得如何調動下屬的工作積極性，不懂得如何讓他們幫助自己分憂，不懂得把自己的工作分解給自己的下屬，結果搞得自己經常加班，每天辛苦不說，還經常遭受員工的抱怨，抱怨自己不相信他們，不讓他們獨當一面。

2．不能深入了解公司的文化

孫小姐是某家美國公司技術部門的經理，在這家公司她已經做了五年，也成功實施了很多技術專案。但現在面臨一個艱難的選擇：想辦法中止部門內的跳槽，或者自動辭職。

過去一年裡，該部門內走了四個工程師，其中兩個是在大型專案的實施過程中離開的，以致必須從美國的總公司臨時借調技術人員。這些工程師或者跳到知名的諮詢公司，或者去了軟體公司，那裡的薪水待遇比該公司這裡高很多。孫小姐面對的問題也是大多數外資企業中的一些中層管理者所常碰到的。這些中層管理者缺乏在管理技巧上的培訓及指導，因此在管理部門的時候常覺得力不從心。另一方面，根據人力資源調查顯示，許多中層管理者的晉升機會很少，同時還得面對下屬謀求升遷的壓力，這使得他們心力交瘁，求去之心日甚。

在人力資源諮詢業務已有多年經驗的湯小姐是一位來自新加坡的人力資源顧問。她認為，這些中層管理者一般都是三四十歲，對於他們來說，這樣的處境非常艱難。當他們在五至十年前加入外商企業時，通常都會得到一些基本的培訓。他們有技術背景，如果在銷售、市場或技術方面表現出色，很快就被提拔成部門經理。但是公司往往會忽略考察他們的管理能力，對他們在管理部門、培訓下屬等方面缺乏指導。這方面的疏忽，導致了眼下的後遺症。湯小姐認為，公司中層管理者的離職率往往是最高的，且工作滿意度是最低的。這些中層管理者一旦離職，一般走兩條路，或是到海外謀求發展，或是加入壓力較小的中小企業。

如果中層管理者想快速的融入一個公司，應該先了解公司的文化。一個公司的文化是經過多少年的沉澱累積所形成的適合與企業階段發展的制度，是一個企業的做事風格、人情世故的表現。作為公司的中層管理幹部，就應該深入的去學習了解並適應這種文化氛圍，在這樣的氛圍下展開自己的工作。而現實中，很多中層管理卻不了解這一點，面對公司的文化制度視而不見，甚至把他作為一種舊的制度來鄙視，工作當中我行我素。不是把原來公司的做事風格帶到現在的公司，就是把自己一貫的做事風格表現在公司行事方面，而這些與企業的文化格格不入。這樣的中層管理者在公司裡很難獲得大的提升是無可厚非的，他們在與其他同事溝通的時候當然也會出現這樣或那樣的問題。更為嚴重的是，很多這樣的中層在出現這種問題的情況下，不是檢討自己的錯誤，而是一味的抱怨公司的體制太落後、關係太複雜等等。

3．不能真正理解總經理意圖

某總經理要祕書調出某分公司的工作人數，於是祕書打電話給分公司祕書要一份在分公司工作的所有人員的名單和檔案。分公司的祕書又馬上稟告經理：「董事長要一份在我們公司工作的所有人員的名單和檔案，可能還有些其他資料，需要兩日內送到。」結果，在第二天，四大箱航空郵件到了公司大樓。

企業總經理是企業的靈魂人物，尤其是作為企業的領袖，總經理的想法就好像法律一樣，是企業的行動指南。有很多中層管理者總是抱怨，提了很多發展建議給公司，從人事管理到技術創新等等，但是卻沒有得到總經理的認可。可是他們從來沒想過這些是不是總經理喜歡聽到的，還是你自己一廂情願希望的。要知道公司不會隨著某個人的意願而改變，除了公司的總經理。公司的變化大多數的情況都是在總經理的想法變化以後才開始慢慢變化，而不是在某個職業經理人、某個部門經理的想法發生轉變的時候變化的。

4・沒有在自己的核心業務上展開工作

很多中層管理者在工作上很努力，在對待來自於同事部門的求助工作中也顯得很熱情，甚至把自己的手頭工作放下也要先完成同事交代自己的「幫助性工作」，還美其名曰「處理好周圍關係，顯示自己能力」。

作為一個部門主管也是同樣的道理，如果你沒有把自己的核心業務做好的話。每天把時間浪費在一些無所謂的工作或者是「幫助性工作」上，這是一個很嚴重的錯誤，錯誤之處就在於沒能正確認知到自己作為一個部門的領導人，你有屬於自己的核心工作，屬於自己的職責，你的首要任務就是在自己的關鍵性績效指標上努力，在自己的核心業務上表現能力、表現業績，而不是花很大一部分時間去處理「幫助性工作」。

有一家中等規模的廣告公司，下設總經辦、業務部、設計部、工程部等部門。一直以來，公司的內部員工管理實行部門經理負責制，並且沒有單設人力資源部，因此普通員工的招聘、錄取和解僱一般都是由各部門經理自行決定，總經理只需要在最終決議上象徵性的簽一個字就可以了。出於對各部門經理職權範圍的尊重，總經理對部門的內部的經營管理細節基本上很少過問，與普通員工之間也很少進行正式的單獨談話。

三年前，總經理任命原助理陳先生為業務部經理，從那以後，總經理發覺這個部門的人員流動性比原來大了許多，不少業務員做了半年不到就換了，同時一些元老級的主管也相繼離開了公司。雖然兩年來公司開闢了不少新的市場和經營領域，整體的獲利情況也還過得去，細心的總經理同時也發現一些熟悉的老主顧的名字也漸漸從訂單上消失了，對此他一直有些納悶，礙於制度他又不好多問。

後來，總經理在一次招標會上碰到了一個強勁對手，對方彷彿對自己公司的報價方式和價格底線非常熟悉，幾輪報價後自己公司狼狽的敗下陣來。總經理在招標會結束後才得知，對方公司的專案經理原來是不久前剛從自己公司業務部辭職的一位資深主管。閒談中，那位主管告訴總經理，陳先生在助理這個職位上確實曾經做得很出色，但是要他來主持一個部門的工作卻並不合適，他不善於處理與下級的關係，對於業務員費盡千辛萬苦爭取來的客戶，他總要想辦法據為己有，對犯錯的下屬也過於苛刻，許多員工都忍受不了這樣的上級而最終選擇跳槽。他甚至對離職員工也百般刁難，經常扣他們應得的福利和薪水，這些員工在離開公司時往往心懷怨氣，他們不僅帶走了大量的客戶關係，並且在以後的職業生涯中遇到與原先公司進行業務競爭時也絕不會手下留情。

5．拒絕承擔責任

什麼樣的中層管理者最受人歡迎？是勇於負責任的中層管理者；什麼樣的中層管理者最讓人討厭？是那些推過攬功的人。這個道理大家都明白，可現實中總有很多這樣的中層管理者，他們崇尚權力，但又拒絕承擔責任，害怕承擔責任，哪怕是一點點的錯誤，也要利用這樣或那樣的藉口推到別人的身上，把責任從自己的肩上推得一乾二淨；看到別人做出一點點的成績，就想方設法的聯繫到自己身上，好像缺少了自己，別人什麼事情也做不成。

沒有功勞也有苦勞

有句話在一些企業中十分流行：我們對於公司沒有功勞也有苦勞，就算是沒有苦勞也有疲勞。這句話常常被那些能力不夠的、對待工作沒有盡力的人提到，用來安慰自己，也常常成為他們抱怨的藉口。他們認為，一項工作只要做了，不管有沒有結果，就應該算成績。其實說這些話的往往是公司的資深員工們——目前已經成為公司的中層管理者。從時間上來說，他們把最寶貴的青春奉獻給了企業，現在他們已經步入中年，有些已經臨近退休；從精力上來說，他們把他們最旺盛的精力，把他們的所有的力量都傾獻給了公司的起步階段；從能力上來說，他們在多年的行業磨礪中，獲得很多的行業經驗，有的甚至成為了行業中某些領域的資深人士。他們是公司寶貴的資產，他們的創業精神、創業熱情、創業努力，為公司奠定了輝煌的基礎。

但是，所謂苦勞不但消耗了自己的時間，還浪費了公共的資源！市場只認效率，公司只認功勞。企業只能創造效益，員工只能拿出成績。假如企業生產的產品品質不好，不可能說這種產品雖然品質不好，也是透過企業員工千辛萬苦製造出來的，顧客就將就買吧，只是因為企業員工真的很辛苦，消費者是絕對不會這樣做的！

承認沒有功勞也有苦勞具有嚴重的危害性，承認苦勞就承認低效率，就導致企業員工不再積極進取，而是得過且過，這樣企業就沒有任何效益可言，所謂苦勞只能是浪費資源。

也許是太多的光環的照耀、職位的不斷攀升、時間的不斷變遷，很多資深的中層管理者在想法、行為、影響力上開始出現偏差，成為企業發展不和諧的聲音。

劉先生終於從一名普通的財務人員坐上了公司財務部門總監的位子，享受著優厚的薪水和福利待遇。劉先生是公司的老員工，論資歷在公司很少有人能與他相比，這也養成了自以為是、目中無人的習慣。

今年，公司陸陸續續的引進了一批新人，財務部也引進了一個知名大學財經系的畢業生。為了讓新員工盡快適應工作職位，公司要求老員工要盡量幫助新人。

新員工來公司沒多久，劉先生很快感到了一種壓力，因為有個新員工工作能力極強，除了懂財務、行銷、外語和電腦，還曾經獲得企業比賽的大獎，可謂是才華出眾。相比較之下，劉先生除了資歷以外，幾乎沒有什麼可以與人相比的。

這讓自以為是財務部門老大的他感到了一種前所未有的壓力。別說幫助別人了，自己有時還得向這位新員工請教一些問題。經過暗中觀察，劉先生發現這名新員工年紀輕輕，性格柔弱內向。經過一番計劃，劉先生盡量不讓她接觸核心業務，甚至連電腦也不讓她碰。

可這也沒有難倒這位新員工，把經她之手的帳目做得漂漂亮亮、無可挑剔。幾年來她都忍辱負重，工作上一絲不苟，精益求精。

劉先生自己做的一些專案卻頻頻出錯。一次，他做的一個重大專案的帳目被稅務局指正、面臨處罰。公司總經理忍無可忍，施加壓力給劉先生，讓新職員參與全面的「糾錯」。不久，公司總經理又毅然決定，由新職員擔任公司財務總監，劉先生負責內務，這讓他的職位岌岌可危。

透過上面的例子，可以看了這些中層管理者，過去太多的奉獻、太多的血汗，成為他們自豪的資本，隨著企業的擴大，隨著地位的提高，隨著社會不良風氣的侵蝕，他們的那種無私逐漸開始轉向自負、自大，把功勞當成自己的，把辛勞當成自己驕傲的資本，把打拚當成是指揮他人的氣焰。為了保全自己不惜採取種種手段阻止那些有能力的人。這種沒有我就沒有企業的想法是有一定缺陷的，每一個企業的成功有每一個人的功勞，過去只能代表過去，一直停留在過去，無論是個人還是企業都是難以再度發展的。

從能力上看，過去不斷的實踐，過去不停的鑽研，他們對於行業的發展有了比較深刻的認知。也許是世界技術發展過快，也許是人員素養提高過快，也許是專業要求更高，更多的後起之秀迎頭趕上，爬到了那些資深人士的前面，公司也在不停力推這些新秀。過去的經驗知識太多，反而成為了絆腳石，捆住了老中層管理者的思考，阻礙了他們新知識和新技術的更新，他們從行業的最前端一下子退到了最後。

當今企業中，有不少員工存在這樣的想法。當上司交給的任務沒有成功完成的時候，就會產生「沒有功勞也有苦勞」的觀念，覺得管理者會諒解自己的難處，會考慮自己的努力因素。「沒有功勞也有苦勞」這句話是給下列這些人最好的藉口：

1. 只問耕耘不問收穫、一直勤奮努力卻不會用腦，始終沒成效的人。
2. 在職位上占著位子不做事，不進步又趕不走，坐在那邊說風涼話的人。

而企業需要的是能夠解決問題、勤奮工作的中層管理者，不是那些曾經做過一定貢獻，現在卻跟不上企業發展步伐，自以為是不做事的中層管理者。在一個憑實力說話的年代，講究能者上庸者下，沒有總經理願意拿錢去養一些無用的閒人。

1993 年 4 月，路易斯· 郭士納就任 IBM 公司董事長和執行長。在這家公司的歷史上，IBM 第一次從本公司員工外找到一個領導人。郭士納出任之際正是 IBM 虧損慘重、即將分崩離析之時。

郭士納上任後，轉虧為盈措施之一就是裁員。他在一份備忘錄中說出了自己的肺腑之言：「你們中有些人多年效忠公司，到頭來反被宣布為『冗員』，報刊上也登載了一些業績評分的報導，當然會讓你們傷心憤怒。我深切的感到自己是在要大量裁員的痛苦之時上任的。我知道這對大家都是痛苦的，但大家都知道這也是必要的。」

他用電子郵件把這份備忘錄發給 IBM 的所有員工。郭士納知道自己真的別無選擇。正如他所說：「1990 年代的啟迪就是，世界上任何地區的公司都不能保證一個員工都不辭退。那是空頭支票。」

不解僱政策是 IBM 企業文化的主要支柱，公司創始人托馬斯·華生及其兒子小托馬斯認為，這樣可以讓每個員工覺得安全可靠。如今，郭士納裁員真是動了大手術，辭退的中層及員工至少三萬五千名。

遺憾的是，許多企業並沒有這樣做，公司的總經理只是在一味的為中層難尋而擔憂而煩惱。

遠來的「和尚」難入流

為什麼要稱職業經理人為企業空降部隊？因為無論是社會的制度、信用環境，還是經理人自身的素養，輾轉於不同企業間的經理人還遠遠談不上「職業」二字。「空降部隊」的目的是穩、準、狠的消滅敵人，而企業空降部隊的目的卻是短、平、快的融入新的環境，駕馭新的環境，改變新的環境。相比起來，兩者畢竟擁有更多的共同之處，像突然間來到一個陌生的環境，均負有重要而緊迫的使命，面臨嚴峻的生存考驗、險象環生、不成功便成仁、首先需要學會生存等。

但是，專家對我國企業「空降部隊」的現狀做出了這樣的總結:「企業的『空降部隊』有八成都會因為『水土不服』而『陣亡』！」他們認為，「空降部隊」不能適應新企業的文化是重要原因，其次，企業新老員工拉幫結派、互相敵視也是加速「空降部隊」「陣亡」的一大誘因。

第一，空降部隊的企業常常是目光短淺，粗魯無禮，精打細算，老於事故的土豪鄉紳。既然空降部隊向公司要求高薪水，那就得達到業績。空降部隊剛進門，一大堆專案、任務就丟給他，而且限期完成不得有誤。

鄭先生是一名非常優秀的職業經理人，被某獵頭公司推薦至某知名企業做人力資源經理。鄭先生上任後，在人力資源方面實行了全面的規範化管理，取得了初步成效。這些措施必然會觸動一些「老人」的利益，他們在不滿之餘私下向董事長匯報一些不完全真實的事情，於是董事長逐漸開始過問不該過問的事情，最終鄭先生無法忍受朝令夕改的狀態被迫離職。

這就是所有空降部隊的噩夢：到處都是陌生的面孔、這些面孔背後是用冷漠來掩飾的嫉妒、蔑視還有一些期望，還有各種真真假假的試探；需要在短時間內了解清楚那些實際統治這個企業卻沒有寫在手冊上的那些潛規則、歷史、傳統和文化。

如果不湊巧企業沒有告訴你這些「微妙」之處，就會讓同事或其他老員工來個下馬威，嚴重一點就是出師未捷身先死。

低薪水的員工懶散一點，有這樣那樣的毛病沒關係，高薪水的「空降部隊」則一刻也不能閒，一點也不能錯。當「空降部隊」在公司大門外徘徊觀望時，企業是一副面孔，笑臉相迎；「空降部隊」一踏進公司大門，企業又是另一副面孔。

在醫藥保健品行業，絕大部分企業都曾有「空降部隊」任職失敗的經歷。部分總經理還責罵過「空降部隊」。某生物科技有限公司曾從競爭對手處挖來一位業內行銷高手，「空降部隊」上任後，做一番大改革，但是在與部下的溝通中，總是以原來企業的功臣自居，對現在的企業百般挑剔，這種態度引起了該團隊內企業元老的極大反感。「空降部隊」為維護自己的權威，毅然撤換了多位不聽話的元老，從而導致該部門激烈的人事異動，業績大幅下滑。最終，「空降部隊」以辭職而收場。

這位「空降部隊」，也許自己的做事方法欠妥，但策略是對的。對於「空降部隊」的煩惱，解決與總經理的溝通問題是關鍵與挑戰，總經理的三分鐘熱血式信任如何變成可持續發展的信任則是最擔心的。與總經理最大的衝突是價值觀的衝突。

「空降部隊」到新企業任職，是兩種企業文化的撞擊，如果「空降部隊」與企業總經理彼此沒有一顆包容心的話，將直接導致「空降部隊」的「陣亡」。責權不明確，對「空降部隊」未充分信任，也是威脅「空降部隊」的一個重要障礙。

如果企業沒有一套良性的運行機制，「空降部隊」的十八般武藝將很難得到施展。很多企業都曾經出現總經理不講話，「空降部隊」的工作就沒人配合的怪現象。

第二，空降部隊的企業「功臣」們不但見利忘義、自私貪婪，而且還唯我獨尊。空降部隊一不小心就會掉入派系之爭的地雷陣。不是得罪東家就是得罪西家，得罪一人就是得罪一大幫。偏向一方則另一方不高興，保持中立則雙方都不高興，裡外不是人，他們除去想利用空降部隊作為打擊對手的工具外，根本就不把空降部隊放在眼裡，肯顧情面的陽奉陰違的做軟對抗，不肯顧情面的冷漠不客氣。空降部隊的企業不肯輕易放權，不要說決策指揮權，就連知情權、考核獎懲權都沒有。

2005 年，林小姐「空降」到某食品公司擔任董事長，她寫了一篇叫做〈空降部隊〉的文章，描寫了當時所面臨的尷尬:「企業的空降部隊，無論是哪個層面上，都是一件很尷尬的事情，就像是一場正在進行的激烈的足球賽中突然換上一名隊員（可能還是隊長），這名新隊員對他的隊友和球隊的打法並不了解，他要在比賽中融入團隊中，很容易造成慌亂；空降部隊又好像一位陌生人闖進了一場熱熱鬧鬧的家庭聚會，他不知道大家正在談什麼，也不清楚這個家庭裡的很多故事，這時候他開口講話，很容易唐突。」

高人「空降部隊」從天而降，與企業剛開始是一種美，不過隨著物理距離漸漸縮短，企業卻發現其「化學距離」越來越大。「空降部隊」的到來，在某種程度上會對原有員工和既得利益者有所衝擊。企業對新人總是心存戒備，很難對他們稍有出格或不同於企業舊有規章的舉動有所包容，知識的碰撞、人格的衝突始終是彼此無法迴避的問題。

基於此，空降部隊只好硬撐，撐一天算一天。空降部隊在企業碰到的問題是管理變動和提高效率，一般說來，管理變動對新官的殺傷力要比策略定位、戰術設計大得多，管理變動的實質是對既得利益者的革命，既得利益者還是跟總經理關係很好的那些老員工。空降部隊不作為的話，對公司沒有利益可言。空降部隊如果嘗試變動總經理的親信，即使少了阻擾與吹毛求疵，空降部隊也未必能成功。總經理的陳規陋習是最大的阻礙；變動肯定有陣痛，需要付出代價；變動不可能沒有失誤，不可能解決所有問題；變動不會立竿見影，可能有一定的停滯期性。這其中的任何一條都足以導致變動半途而廢，功敗垂成。

第四章

中層之苦：夾心之苦不好受

在中層危機中，表現出無奈與困惑的不僅僅是高層，中層同樣也有中層的無奈、困惑：很多時候在夾縫中生存，既要貫徹上司的意圖，又要維護下屬的利益；既要聽到上司的責問，也要遇到下屬的不理解。中層的感慨大多是背負太多責任和黑鍋，即使是高薪聘來的中層管理者，也得不到完全的信任……。

夾心之苦

在企業裡兩頭受氣的大有人在，中層管理者就經常遭遇說不完的夾心之苦。

某公司剛買一輛車，總裁要求將車座換成真皮的，董事長則囑咐一定要一週內把事宜處理完畢。行政主管胡小姐先是聯絡汽車廠家快遞皮樣，廠家送來黑色及米色兩種顏色，拿去問總裁和董事長，兩位大手一揮：「這點事情你們做主好了。」胡小姐立即請教車隊隊長的意見，兩人一商量，採用兩種顏色拚接的方法。不久，車內真皮座椅換好，只等兩位上司的「檢閱」了。

董事長和總裁一看，眉頭皺起來。第二天，胡小姐拿著帳單到總裁那裡簽字，總裁自是不允。又到董事長那裡，董事長說忙著開會，要總裁看就可以了。

帳單一放就是一星期，廠家又一直催款，胡小姐在中間苦不堪言。

當中層管理者受不受氣？「夾在上司和大眾之間」肯定「兩頭受氣」。上司雖然不是家裡長輩，但也有管得過嚴、過寬的時候；「下面大眾」雖不「像不懂事的孩子」，但也有不理解、不配合、有令不行、懶散的時候。

一年前，江先生因朋友的推薦來一家規模不大的公司擔任銷售總監。一年中，沒日沒夜的努力，總算把團隊組好、建立通路，雖然眼前銷售額並不理想，覺得責任未必完全在自己：

市場部做過幾次有限的推廣活動，效果並不顯著；產品品質不過關，返修率很高，而技術部門的改進措施一直拿不出來。江先生幾次想找總經理談一談工作的具體設想，每次面對總經理一臉的嚴肅與沉默，唯一能打動總經理的就是數字。

得不到來自上面的肯定，江先生氣不過的是公司內其他部門那種不冷不熱的態度。上次要預支一筆業務費用，財務經理拖了好幾天。但是最令江先生傷心的是銷售部的年輕員工們也都對他有意見。

終於，一天上午總經理告訴他，部門裡的人一致認為他「不適合銷售總監」的工作。

江先生知道自己早晚有一天要離職，而且以這種出乎他意料的方式。原因居然是手下「謀反」，總經理居然寧可聽信普通員工的，也沒想過聽聽他本人的解釋。江先生覺得自己的狀況真是糟透了，上不被總經理信任，下不被員工擁戴，其他部門同事他也沒擺平。

要說一個企業中什麼職位最不好做？其實，企業的中層管理者最不好當！

當上級給你下達任務，你在將任務分解至每位下屬，無論你如何分配，完成的和完不成的下屬總會認為你分配不公！

上頭的責罵，你不能完整的傳達給下屬，因為這容易讓下屬對上司產生怨恨，也容易讓下屬覺得你是不是想謀權篡位或另立山頭。下屬的怨氣更不能完整上報，否則總經理開除了下屬，小心下屬在後面做小動作。團體中最討厭的就是打小報告！

杜先生離開公司的時候沒有和其他人說，但是他離職的消息在公司裡引起了不小的反應。他是公司開國元老，為公司服務八年多，沒想到落得一個淒涼離職的結局。大家在議論之間對新任上司的手段和肚量頗有微詞，不少人還對公司產生了「自危」的感覺。

杜先生剛到公司時，公司還未正式開張。他是來應聘財務主管職位的，但是那時他幾乎什麼都做，只要有需求，因為他覺得跟到一個好總經理，公司和個人的發展都不可限量。他經常加班，為公司省錢，出差時能節約就節約，吃住都低於公司規定的標準，補貼和加班費一概不領。還憑著私人關係為公司解決了好幾個棘手問題，感動得總經理私下經常和他吃飯談心。

但是公司開業並漸成氣候後，他不再是總經理的親信了。先是來了一個財務經理，杜先生日常工作向經理匯報，公司管理層會議自然輪不到他參加，薪水成長有限。好在他還算平衡，總經理也打過招呼表示「好好做」會給他更好的職位和薪水。杜先生與同事關係也很不錯，他依舊經常加班，不要加班費，有出差省著花錢，不領出差補貼。大家都開玩笑說，杜先生以公司為家，要在公司做到退休。

可是，公司換了幾任大專案主管卻都沒有他的份，最後又來了一位原先在五百強公司任職、又有MBA學位的財務總監，杜先生澈底失望了，儘管總經理這時升他做了經理，但是他這個經理也是有名無實，因為他手下無兵。特別當他知道他是公司裡薪水最低的經理時，他就不做了。

在一個企業裡，經理、主任等中間管理者的壓力最大。令人吃驚的是，普通職員的壓力最小，而高級管理人員的壓力只比普通職員稍大一點。這是因為高階管理人員從激烈的競爭中勝出，坐在了最高位置上，這種心理上的安定感比其他任何級別的員工都高。

中層權力小，又受上下兩方面壓力。一般認為，事情多壓力就會增加，其實並不是這樣。美國麻州大學的卡拉賽教授說：「工作壓力是由表現工作量和工作強度的『業務要求水準』和工作中的決策權力大小所決定的。即使工作量很大、工作強度很高，但是如果賦予他的決策權也隨之加大的話，其受到的壓力會相對變小。」所以，高層管理者由於擁有較高的權力，工作壓力反而比權力不大的中層人員小得多。在某外商企業公司工作的李先生知道員工們都討厭他，所以在他們虛報加班費申請的時候，就假裝不知情核准了。李先生的這種感受在中層職員中非常普遍。他們常常要承擔來自上、下兩方面的壓力，感到左右為難，無所適從。

有些壓力取決於個人不僅承受的壓力最大，最難以消除壓力的也正是中間階層。這是因為普通職員還年輕，可以靠興趣愛好和業餘生活等排解壓力，高層則在心理上和經濟方面擁有相當的優越感。中層介於二者之間，處境尷尬。

大部分人都覺得中層糟糕，從總經理看，如果事情沒執行好，是中層不行。執行好了，是總經理英明；從員工看，進入公司是看總經理和企業的品牌，離開公司是看直接主管的總經理，也就是中層有問題；從中層自己看，覺得別的中層不怎麼樣，兩個部門經理之間互相看不上。中層把兩邊的壓力都擔著，總經理可以指責中層，員工可以向中層發洩。對於員工的發洩，中層不能告訴總經理。對於總經理的壓力，中層也不能全發洩給員工。中層的角色就應該是兢兢業業、無怨無悔、吃苦耐勞、把一切搞定。業績下滑的時候，總經理要替員工打氣，但是會責罵中層。中層的角色定位是：搞定一切，但是永遠很糟糕。

不想遭遇到的「裙帶關係」

無論是哪個企公家機關還是機關團體，都有一定的裙帶關係在裡面，而在企業的發展中，這種裙帶關係就會影響到一個企業的發展。因為在這樣的一個環境下，企業所用的人員都是比較特殊的族群，這樣一來對於整個企業的發展成為了一種制約的條件在裡面。所以，裙帶關係是企業發展中的大忌。

齊小姐到公司財務部任職一年後，就萌生了離職的想法。因為這個家族企業的人際關係太複雜，每個部門都有總經理的親友，同事們平時很少溝通，好像互相都防著似的。齊小姐剛到公司的時候，提交了一份財務計畫，其中談到銷售部門的費用過高。第二天銷售部經理助理就來找齊小姐談話，希望她能「實事求是，不要只盯著費用，應該把效益和費用結合起來考慮問題」。齊小姐被這次談話弄得不明所以，後來才搞清楚，原來銷售經理是總經理的表弟。

齊小姐部門的工作問題就更大了。財務部經理是總經理的妹妹，仗著自己的特殊身分，一攬公司的財務大權，而且還做了許多不符合財務規範的事情。這些，齊小姐都看在眼裡，也非常清楚這樣下去會對公司會造成危害。可是，礙於她的特殊背景，齊小姐不知道該跟誰說。

直到遞交辭職報告的時候，齊小姐還在為了是否說清楚公司的管理存在漏洞而搖擺不定，尤其是財務方面，總經理因為對外人不放心才用自己妹妹，可是這樣做的結果卻適得其反，使員工與總經理之間隔了一道天然屏障。如果不說，問題會越積越多，終究要出大麻煩；可是如果說了，總經理會相信嗎？—— 自己畢竟是個「外人」。再說，如果這些事情傳出去，對她找工作也不一定有好處，因為做財務工作是最忌諱「多說話」。

最後，齊小姐還是選擇了緘默。職場險惡，多一事不如少一事，再說既然自己已經選擇離開，原公司的好壞跟自己也沒什麼關係了，何必做這種費力不討好的事呢？選擇緘默的齊小姐並沒有因此而平靜，內心的掙扎總是撕扯著她。

這樣的裙帶關係關係在許多的企業中屢見不鮮，這也是人與人交際的一種行為。對於這樣的一種裙帶關係，許多企業裡面都有著自己的想法和感受。而且如果在公司或者企業裡面安排了自己的熟人或者是跟上頭有點關係的，在一定的情況下，在企業的管理中會產生一定的負面作用，也可能會給企業內部帶來影響。

現在就業壓力越來越大，很多高層都很喜歡把自己的親戚也安排到自己的公司來，面對這些「皇親國戚」該如何管理真是一件頭疼的事情。嚴管他們可能會跟你吵起來，鬧不好你有可能被炒魷魚，不管理的話，一天天鬆散傲慢影響公司士氣。

林小姐所在的私人企業公司屬於裙帶關係非常重的公司，中層管理者除了總經理的兄弟姐妹就是跟隨總經理多年、熟悉討好奉承的無能之輩。當然，林小姐也是中層管理者的一員，遺憾的是，她並不是總經理的什麼親戚，也沒有阿諛奉承之術，所以，林小姐在公司裡一直處於尷尬的地位，雖然在所管轄的區域內做出了不少的貢獻，卻沒有得到總經理的明確表揚和指點，反倒是經常性的因為有些人告狀、打小報告而屢遭冤枉。

林小姐堅持了三年的時間，看到了公司職場中的險惡，於是一副破釜沉舟、無欲則剛的架勢，發誓不再向惡勢力低頭，林小姐最近一段時間更加深刻的感覺到「木秀於林，風必摧之」的至理名言效應，現在，就向大家說說林小姐公司的潛規則：

突然來公司者必須借助公司惡勢力：外面招來的員工，資源和條件自然不如公司的這些「皇親國戚」，於是，想要在公司站穩腳跟，必須要找個人依靠，長在大樹的腳下雖然不能盡善盡美的發揮自己的特長，所幸可以安安穩穩的在公司生存，別人不會對你發號施令，這就是背靠大樹好乘涼吧！

千萬記住，沒有白吃的午餐：別以為靠著「皇親國戚」就可以高枕無憂了！那些「皇親國戚」不是什麼省油的燈！除了經常請吃飯、送禮物犒勞之外，出謀獻策、巴結奉承也是少不了的，好不容易做成的訂單，就算主管不說，都要分點抽成獎金給他，還要想著幫他怎麼賺錢。賺到了，一定要裝作不知道！

成績永遠都是上司的，錯誤永遠都是自己的：林小姐的上司非常懂得太極之術，每逢開會，總會把自己的功勞說到無限大，萬一總經理發現了他哪裡的重大失誤時，他一定會說是下屬怎樣怎樣，把自己推得一乾二淨，而作為下屬的林小姐，如果不幫他擔待這些錯誤，那散會後就只有走著瞧嘍！作為一個平庸的生活在茫茫人群中的小女子來說，林小姐沒有力量和惡勢力抗衡，大家看了這些千萬不要說她是心甘情願的，其中的悲哀只有林小姐自己知道！

大企業都有「皇親國戚」，許多經理人抱怨企業裡的「皇親國戚」太難纏了，根本無法推行規範化的制度管理，尤其做人力資源總監的對企業「皇親國戚」更頭疼。企業「皇親國戚」的現狀會使你做的薪水體系失靈，因為不知道「皇親國戚」究竟拿多少錢；員工培訓課程，「皇親國戚」愛去不去，去了也是嗤之以鼻；如果用績效考核員工，這些人的績效你根本無法納入統計，因為他不會告訴你；你給他績效打零分，他根本不在乎；如果用淘汰制，淘汰後他又到另外一職位了；也許淘汰他的人力資源總監被淘汰了好幾個，但是他依然在公司內部關鍵職位上流動。這就是大多企業「皇親國戚」的現狀。有的人力資源總監會採取讓總經理答應把這些人放在一邊，總經理也答應了，不讓這些人參與公司內部的工作。人力資源總監這樣的做法是根本不可能把人力資源總監工作做好的，最後被逼走的很可能是自己。

有人會問企業的「皇親國戚」為什麼會這樣呢？答案是這些人有資格，這些人都是企業組織發展壯大過程中的功臣，沒有這些「皇親國戚」企業也許就沒有今天，只有這些人才會跟隨總經理打天下，作為經理人和普通員工，是不會吃苦受累拿很少薪水，或不拿薪水跟隨總經理打天下的，總經理與這些人的關係更多的是情分關係。

企業文化難匹配

企業文化是企業的根基，是企業的靈魂，它是外在的商業環境誘因和內部的企業領袖的個人性格，經過企業漫長的成長過程後形成的固定特性。它是在工作過程中、在影響力博弈中、企業理想的實現中逐漸顯現的，這是一種企業的內部生態環境，只能從根基處調整和總體引導，而任何一種外在的形式，只能作為形成和維護企業文化的工具而已。因此，企業文化絕對不是人力資源或者企劃部所能建立的，如果一個企業依靠某個部門、依靠某次管理諮詢，希望透過管理理念、企業理念、制度、流程甚至口號、拓展訓練、獎勵活動區建立文化的時候，我們只能說「這個企業在趕流行」。

一位空降不久就決定「離職」的行銷總監說：「企業高層如果只考慮每季報表好看的短期戰術，如崇禎皇帝三年換四、五任兵部尚書，想要幾個月內扭轉乾坤，沒有上對下的情感投資，是達不到中層的期望的。」

一些企業總經理片面的以自我為中心，要求中層對公司200% 忠誠，而公司對中層 0% 的信任，簽署契約全是對公司有利的條款，逃避法律責任，把員工當外人。組織運作沒有規範，高層向下關愛不夠，造成離心離德。在員工和企業逐漸剝離非經濟性紐帶關係的過程中，短線思考、唯錢是圖的想法非常普遍。這樣的企業環境，既不利於公司內部中層管理者的選拔，也使外來中層管理者難以適應。

那麼，企業文化的根基是什麼呢？企業中每個人都是參與者，不論你是總經理、中層還是員工，每個人都擁有自己的利益訴求和精神訴求，而這些訴求以平衡的原則組織起來，以積極的關係互動起來後，員工的方向就會一致，企業的效能就會最大化。這就是企業文化的根基。如果沒有這個根基，還空談什麼奮鬥、理想、責任！大而言之，這是自由經濟中多方博弈的必然結果，在企業裡就是公平，在社會中就是民主。而如果把均衡、調和、公平冠以精神內涵，那就是正氣！企業有了正氣，好比一個人臟腑調和，精神健旺，那麼此人事業有成則指日可待了。換做企業也一樣，五內平和，團結進取的企業是一定會發展壯大的。

關先生自 1998 年開始就跟隨某傳媒公司總經理左右，是發行方面的核心人物。在此之前，關先生已在雜誌的發行行業從業二十餘年，無論是從業經驗還是業內的人脈都有著深厚的功底，在雜誌發行方面既是公司總經理的部下、又是總經理的老師，總經理對國內期刊發行市場的了解基本上都是出自關先生。

去年，總經理就任公司總經理時，關先生被任命為該公司的發行部總監，管理著發行部十幾名員工。該傳媒公司有六份不同的雜誌，每個雜誌部門都有一個營運總監，他們分別負責各自刊物的內容編輯和廣告經營，而這六份雜誌的發行工作則統一由發行部負責。

發行在雜誌的總體經營中占據著非常重要的位置，是雜誌經營的基礎，也正因如此，發行部總監與各刊的營運總監之間接觸最多，矛盾也最多。在集團不斷加大營收壓力的情況下，各刊針對發行部的意見也越來越多，矛盾不斷激化，最終矛盾的焦點指向了發行部總監關先生。在發行方面，各刊的營運總監都希望發行部能夠根據自己的要求做出調整，而關先生認為各刊的營運總監並不了解發行，他們的意見及方案發行部不能接受。對此，曾有人提出更換發行部總監的要求，總經理沒有接受。

前幾天，總經理收到了一份由三刊營運總監聯合署名的文件，提請在發行部增設發行推廣總監，並提出了一名候選人。總經理很清楚他們是想透過這個辦法逼走關先生。但是，總經理還是在發行部增設了發行推廣總監。現在發行部有兩個總監，頓時辦公室裡都在暗地裡傳說關先生即將被解僱這樣的消息。果然，關先生遞交了辭職信。

企業有什麼樣的文化，決定了企業需要招聘什麼樣的人才。新進入企業的新員工，總是需要有一段磨合時間，才能逐步適應企業的內外部環境和條件。如果新員工自身就具有與企業文化一致的特質，就可以較快的了解和適應新的工作環境和職位。反之，新員工將需要很長的一段時間來適應這種環境和氛圍，並且逐步改變自己以期能夠融入這樣的文化。這不僅會花掉其很大部分的精力，而且如果不能成功，他們將會感覺處處受壓抑、受排擠，最後選擇離開。

某公司總經理最近接到了來自總辦事處陳經理的電話，說是在其離職後收到人事經理的處罰通知，指責其在離職前私自格式化公司電腦，造成重要資料丟失，嚴重影響公司運行，將被扣除其五千元薪水並處內部警告。他覺得這個處罰有問題，多次找人事部經理但仍未能得到有效解決，所以打電話給總經理申訴。

同時，他反映新來的辦公室主任一上任就多次要求他將原來的辦公用品、訂票和快遞服務等供應商都換成辦公室主任幾個朋友的公司。經理認為以前的供應商已經有了長期的合作，他們的信用一直良好，為了工作方便，他不願意換。此後，他經常受到排擠，不得不以出國留學為由辭職。但是，在辦離職手續的那一天，人事經理大聲宣稱他私自處置電腦資料，還在辦公室內大聲責罵他，後被同事勸住了。

作為企業文化核心的價值觀，在企業中扮演著極為重要的角色。每一個人在進入企業成為企業一員以前，大都形成了自己的價值觀念，個人的價值觀與企業的核心價值觀是否一致，不僅直接影響到企業的核心價值觀能否為企業員工所接受，而且如果員工的價值觀與企業的主流價值觀相佐，則會使員工的個人目標和企業的目標不一致，這會大大削弱企業的競爭力，導致員工付出了極大努力，不但不能得到企業的承認，反而可能損害企業的利益。

但有的企業的文化相當差，唯一指標就是利益。某日企業成功，有的總經理眼睜睜的看著真金白銀獎給了他人，這本身就是一種考驗，更何況還要保障這種制度完美的推行下去。很多企業的總經理在此時敗下陣來，他們只要在制度上稍作數字的調整，就可以把本來很好的獎勵制度變成了一個玩笑。於是公信力喪失了，團隊失去了生機。

某集團公司曾經寄予厚望的一個新專案，在這幾年並沒有取得公司所希望的市場報酬。因此，集團公司在去年就要求總經理將營運總監換掉。

人力資源總監幾天前報告說找到了合適的人選。在幾次深入的面談之後，總經理決定聘任孫先生為這個專案新的營運總監。這些事情除了人力資源總監外，沒有其他人知道，總經理也沒有和專案總監談及此事。

一天上午，總經理在公司的辦公室召開了一次總監級別的會議，會議的議題就是解僱原專案總監。會議開得很倉促，會上原專案總監也沒有發表任何意見。會後，原專案總監僅用了三個小時就把所有的東西收拾好，向公司遞交了辭職信後就默默的離開了公司。

但是，意想不到的事情是，就在開會的前十幾分鐘，原專案總監所在部門的同事剛剛為他慶祝完三十五歲的生日，大家分吃了一塊蛋糕，並且說好，下一個生日會讓原專案總監一邊慶祝業績、一邊慶祝生日。總經理事先並不知道這個情況。

原專案總監是個開朗的人，一張好看的笑臉曾是他們部門裡的驕傲，其他部門的同事都會羨慕這幫女孩子有個愛說笑的主管，但是他卻被排擠出局了。

第二表現是自我意識。任何一個做到最高位置的領導者，在團隊中都是某一方面的傑出人士。成功後如何看待個人與團隊的關係，如何看待個人好惡與團隊主張，這其實是比金錢更難於逾越的一關。歷史的成功成為自信的依據，這時「自以為正確」的各種主張會使企業文化遭受扭曲，在企業中的均衡、公平、調和中為自己加入強權的一票，最終使得決策偏離正確方向。

第三表現的是權力。當達到團隊權力的巔峰後，如何看待自己的權力，能否忍受權力分發、制度約束對自己帶來的壓力，這是更大的一個難關。如果企業總經理不能面對這個必然的規則，那麼過多的控制會使得企業文化完全失去活力，也會使得企業文化失去尊重的生態環境。更可怕的是，這種基礎上的企業文化會完全形成類似君主獨裁的決策機制，君主錯誤決策將不被預警無法勸諫，公司業務大廈的坍塌也許就是一夜之間的事情。

總之，當企業誕生後，它便是企業所有者體外的獨立組織，企業的利益經過轉化才能夠成為所有者的個人利益。進一步說，進行決策之前應該辨析清楚，這個決策是對自己有利，還是對企業有利。當決策通常對最高當權者個人有利的時候，那麼這個企業就危險了。這就是中層難以適應企業文化的根本原因，也是導致中層出走、辭職的主要原因。

遭遇「天花板」，不走還能怎樣？

天花板是指一座建築物室內頂部表面的地方。我們這裡所說的天花板卻含有另外的一層意思，比如企業遭遇到向前發展的「天花板」、人力遭遇到向上發展的「天花板」。

例如，某傳媒公司就遭遇到了這種情況。由於大樓內投放電視廣告的發展已碰到天花板，像正常產業那樣，也要品嘗春、夏、秋、冬四季的滋味了。也因此影響到了某傳媒機構，對於該公司來說天花板可以分為兩層：一層是技術方面的，也就是廣告傳播的效果；另一層是市場容量，也就是未來的發展空間。

某傳媒的天花板主要表現在以下六個方面：

1. 廣告主無法知道廣告是否播放了。

由於某傳媒採取單機人工播放的形式，因此，廣告主無法實際探知廣告具體的播放頻率，甚至是否真的播放了都無法知道。

2. 缺少內容支援。

作為媒體，從嚴格意義上說，僅僅是一種「廣告播放」，這與真正的媒體有著極大的不同。無論是電視、報紙還是網路，受眾首先看的是內容，被內容所吸引，然後才接受廣告。內容是廣告主、受眾之間的重要橋梁，但是分眾模式不具備這一功能。

3. 在電梯間，人的停留時間都比較短，而且相對比較焦慮，很難認真看廣告，因此傳播效果很難評估。

4. 無法真正做到「分眾」。

廣告播放的細分是非常重要的，不僅要做到地域細分，同時要做到內容細分。但是，某傳媒目前很難做到這一點，其採取人工播放的方式，每一週才更換一次內容，同時各種廣告混合，傳播效果必然受到影響。

5. 該傳媒公司的天花板則表現在兩個方面：

首先是行業門檻過低。大樓內投放廣告在本質上屬於資源密集型商業模式，沒有技術壁壘，具有各種資金背景的公司都有可能進軍這一領域；其次是大樓內投放廣告的特點是市場有限，廣告資源不可再生，目前黃金位置基本上被搶完了。該傳媒公司和其他傳媒公司合併之後，廣告客戶相對集中，會導致其接受程度隨之下降，比如商業大樓的黃金時段主要為下午三點至五點，受制於大樓內投放的廣告輪流播出的特點，隨著廣告客戶的增多，這種黃金時段必定會被攤薄，其效果越來越難以讓廣告主滿意，最終結果是廣告主轉向其他廣告形式。

6. 目前，某傳媒雖然基本上包辦了大樓內投放電視廣告的競爭者，但是在其他領域，如銀行、醫院、大眾交通工具、大賣場等公共場合，出現了很多強勢競爭者。

與企業發展遭遇到天花板一樣，人力向上發展也會遭遇到天花板。

英特爾全球高級副總、晶片業務老大派翠克·基辛格（Patrick Gelsinger）在傳記《平衡的智慧》中曾這麼說：「我要完成的事，我的目標，包括成為公司總裁。」但是這夢想可能再也無法實現。因為基辛格已被全球儲存龍頭 EMC 挖角而去。並被任命為儲存產品部門及軟體部門主管。離開前，他的身分是全球高級副總兼數位企業事業部總經理，主導著公司 50% 以上的營收。

1980 年代，基辛格還沒讀大學時便加入了英特爾。最初他是晶片廠電路板焊接工，之後半工半讀，三十二歲的基辛格成了公司歷史上最年輕的副總以及首任技術長，著名的 486 和奔騰晶片便是在他主導下開發成功。看上去，基辛格前景廣闊，不該這麼容易被挖角。難道他受到了 EMC 某種「誘惑」，或在英特爾體系中遭遇到了困惑？

後來，EMC 的董事長兼執行長表示，未來三年，他將卸任執行長一職，並強調，基辛格、艾利亞斯以及公司財務長大衛·古爾登都可能成為執行長候選人。

基辛格的名氣比兩名潛在對手更有優勢。他與董事長還共同入選過 2003 年度「全球五十位最具影響力的網路人物」。這一職位對他也許充滿了誘惑。

如果能當上 EMC 全球執行長，基辛格對英特爾全球總裁職位的追求應該滿足了。過去幾年，EMC 接連完成多起併購案，已經蛻變為網路時代全球最頂級的供應商。即使 EMC 不挖他，他在英特爾的未來，也許不會比現在增加更多風光。

吳先生在一家中外合資科技企業工作八年，從生產工廠工人一路晉升至現在的生產部經理，又在生產部經理做了三年，最近向公司提出了辭職報告。原因是該企業的高層都從總部派遣擔任，本地人才沒有任何機會。

本地人才難以進入外資企業決策層是中層不穩定的重要原因。不少外商企業由於產品以及行業特性，一般習慣從總部空降外籍高管到公司，這為本地的中層管理者的職業發展設置了天花板，在升遷無望的情況下，辭職甚至另起爐灶都是常見的做法。

李小姐本科畢業後就進入到一家公司擔任中層管理人員，競爭激烈的局面讓她充滿了危機感。為了提升自己，她報考了某大學工商管理學院經濟學系研究生。碩士畢業後，她進了一家荷蘭倉儲管理有限公司當部門主管：新興的行業，不錯的外商企業，豐厚的收入……不過，最近李小姐卻愁容不展，因為公司沒了她上升的空間。

公司的業務是透過物資的抵押管理，實現企業短期流動資金的融通。李小姐初進公司，沒少挨罵。她的頂頭上司是一個猶太總經理，對她要求嚴格。可以說，她是在總經理的「罵」聲中一路成長起來的。如今，她已經能獨當一面。例如，她為客戶找一家外國橡膠原料供應商提供短期的物資流動。為此，她專門赴新加坡、泰國進行實地考查並制定方案，成功說服一家新加坡公司接受她的抵押融資方案。

隨著李小姐的成長，她的職位也不斷提升。工作六年裡，她從最初的普通職員發展到高級職員，一直升到目前的業務主管。可走到這一步，李小姐卻發現自己已經觸到了「天花板」。

李小姐的上司是公司總裁，也就是那個猶太總經理，總裁之下是幾個副總。而她所在的部門沒有設經理一職。也就是說，如果她還想繼續往上發展的話，就是副總級別的位置。然而，這些位置始終被荷蘭總部派來的老外占據著。

像這樣的情況比較普遍，以跳槽來尋找天花板外的海闊天空。對於三十來歲的女性來說，擁有良好的學歷背景、豐富的工作經驗、出色的業務能力，這使得她們已經處在一定的職位，同時又想往更高的地方發展。而造成困難的原因可能是所謂的公司的「慣例」——總經理、副總、總監級別的位置都由外國人擔任。

假如天花板的形成是因為「公司慣例」，就是迫使中層跳槽最主要因素。因為公司更信任外國人，願意安排外國人擔任重要職位。假如李小姐非要爭取打破天花板，結果很可能是天花板紋絲不動，自己卻粉身碎骨。這時候，李小姐不得不選擇跳槽，換一家企業尋求新的發展天空。

組織扁平化的苦惱

對於一個企業來說，實施組織扁平化管理的含義就是透過減少行政管理層次，裁減冗員，從而建立一種緊湊、精明的扁平化組織結構。可以說，組織結構扁平化作為一個時髦的名詞，幾乎每一個管理者都在談論它的好處，它的優點，但是我們仔細省思一下，組織結構扁平化真的有這麼好嗎？

錢小姐所服務的公司總經理是一位女性，第一眼的感覺就是溫文爾雅，說話辦事都很精明，公司雖然不大，但是給人感覺還挺舒服，錢小姐於是就留了下來，擔任助理一職。

可是，錢小姐進入公司不久發現了奇怪的現象，公司的老同事似乎對這位「溫文爾雅」的女總經理都頗有微詞，在公開的會議和私下的交流中，對抗的心理和行為從來都沒有減少過。當時抱著一種非常幼稚的心態，覺得這麼溫文爾雅的總經理肯定是個「好人」，所以有時候也會幫總經理叫屈，而且越來越多的老同事都離開了，最後，公司裡的老員工就只剩三個人了。當時錢小姐就非常不明白：這家公司人員的流動怎麼那麼快？

逐漸的，錢小姐發現了問題的所在，那就是總經理似乎並不在乎到外面能拉來多少的生意，而是在乎公司的管理，但是她的方式的確與眾不同。

首先，在公司都是新人的前提下，根本沒有所謂的業務菁英幫總經理接訂單，據說她花了十幾萬到外面去上了什麼管理課程，回來以後就開始大刀闊斧的改革。於是，公司的規章制度基本上每個月都要修改，修改的過程中，為了發揮所謂的民主，都要大家集中開會討論、集體通過，可是所謂的討論也只是她一人主張，員工們根本沒有任何發表意見的機會；公司的作業流程，每次定稿完成之後，每次員工執行出現了問題，就立刻全部開會、重新檢討，然後重新制定，最誇張的一次是一個月中公司有三套作業流程；公司的薪水制度，採用了「國際流行」的績效制度，把員工原本就微薄的薪水一分為二，一部分是固定，一部分是績效，而所有人的績效，不僅僅是業務，還包括行政、財務、採購等所有人的績效都是和公司的業績並進的，而公司一直處於這樣的狀態，根本就沒有訂單，所以每個月的薪水很少；同時，還有罰款制度。

結果可想而知，越來越多的人被迫離開了，最後公司就只剩下兩個人。而那時的錢小姐已經從助理轉為了專員的角色。當時公司和總經理的情況可以用「眾叛親離」來形容，員工紛紛被迫離開。在這個時候，錢小姐沒有選擇離開。一是剛畢業不久，有這麼一份工作就覺得是自己的一份責任，沒有做出成績來就離開不符合她的個性和一貫的要求。於是錢小姐天天和總經理進行溝通，對於規章制度和作業流程中的一系列的問題，協助總經理進行了修正（錢小姐是法律系畢業的），同時身兼數職，分管採購、人事等，逐漸使得公司穩定下來，也招到了相應的人員，同時把整個公司的訂單操作流程進行了重建，既符合公司的規模又可以確保減少錯誤的發生，並沿用至今。對此總經理對錢小姐的評價非常高，把他從專員提升到了主管。但是後來發生的許多事，終於讓錢小姐到了忍無可忍的程度：公司實行扁平化管理，需要精簡一大批中層管理人員，錢小姐因為擔心公司業務受到嚴重的影響，只好選擇了辭職。

的確，扁平化可以加快資訊傳遞速度，使決策更快更有效率，同時由於扁平化，人員減少，使企業成本更低。同樣由於扁平化，企業的分權得到了貫徹實施，每個中層管理者有更大的自主權可以進行更好的決策。但是，當實施了幾年的扁平化管理之後，看看我們的社會有什麼樣的改變：中層管理者跳槽不斷，管理諮詢機構迅速膨脹，顧問團迅速擴張，不合格的中層管理人員越來越多，為什麼？

某公司的江先生從助理升到主管，用了不到一年的時間，這在其他朋友和同學看來是個不錯的升遷，覺得前途無量，可是江先生心中的苦悶誰又能知。進入公司以來，月薪等於法定底薪的待遇江先生拿過，就算達到了主管的級別，一個月的薪水也才多增加幾千元，其中兩萬八千元是固定薪水，五千元是績效薪水，每個月能拿三萬兩千元左右已經是非常開恩的事情了，而這也成為了總經理今後對外炫耀的資本：「不管公司再困難，他的薪水我都是按時發放的，我已經很對得起他了。」

同時，江先生不知道這是不是所有總經理的共性，那就是變。不管是規章制度、作業制度、還是做事的要求，總是一變再變。例如上午開會給江先生的任務以及要求達到的結果，再做事情之前江先生會和他再三確認無誤，可是不超過第二天他肯定會來找江先生，不是要求變化，就是他做出來的結果總經理不滿意，說這個不是他的要求。為此，公司的人員一直在不斷的流失，而江先生始終抱著那所謂的「要做就要把事情做好，不做出成績就不離開」的信念堅持著。

後來，公司從外地請來一個主管，專門分管公司內部，而總經理就抽身去外面接業務。直到這個時候江先生才真正體會到這樣做才是一個真正的公司，內部有專業的人士在進行管理，而總經理也可以發揮他的優勢到外面去接訂單，不得不說，總經理是一個優秀的業務人才，卻是一個非常糟糕的管理者。那時候公司的業績有了飛速的提升，而規章和薪資制度也經過了那位主管和總經理的艱難溝通後進行了修正，江先生每個月的薪水＋獎金＋抽成獎金可以達到三萬五千元至四萬元之間，同時整個公司同事之間充滿著凝聚力和向心力，那時的江先生天真的覺得，公司的春天來臨了。

可是不到半年，總經理受不了了，他認為給這些員工太多薪水。這個主管向來都是人性化管理，大家都凝聚在她身邊，卻不和總經理親近。於是開除這位外地來的主管。接著公司的規章和薪資又開始重新調整，又回到了之前的狀況。雖然給江先生的薪水提升到了三萬五千元，但是其中三萬元是基本薪水，五千元是績效，而所謂績效是每個月由總經理給他任務，然後進行評比，從此整個公司的所有員工基本上都沒有拿過全薪了。

年復一年，可以說江先生也是盡心盡力問心無愧，可是公司政策如此的反覆，已經讓他受不了了，同時作為公司的「元老」，和總經理就一系列問題的看法中出現了很多的分歧。江先生始終視那位外地來的主管為老師，始終堅信人性化管理的道理，因為他確實看到了成效，同時也非常符合他們這個只有十來個人的小公司。公司只有這麼小的規模，卻用國際跨國大集團的規章制度和作業流程來套用，簡直就是幼稚加可笑，兩年來成果也已經出現了，於是他對這家公司越來越失去了信心。但是作為一個有職業道德的人，江先生覺得既然在公司一天，就要把事情做好，做到自己問心無愧，可是漸漸的，等公司的人員基本穩定以後，總經理就會把江先生「踢出局」。

組織扁平化的本意是運用資訊技術和網路技術，透過壓縮中間管理層級來實現資訊傳遞的直接性；透過加大授權來提高普通員工參與決策的力度。然而，扁平化組織結構所要求的層級減少，勢必導致中層管理者向上晉升的機會減少。結果是那些高素養、高技能員工供給的增加與有限的職位晉升機會之間的矛盾日益突出。在這種情況下，中層管理者傳統的晉升管道越變越窄，自身職業發展的有限性約束不斷增強，中層管理者對自己的職業發展持悲觀態度，降低了工作積極性，甚至辭職另謀出路。

這就是組織結構扁平化所帶來的弊端。

以前的企業有組長、班長、小隊長、大隊長、工廠主任、企業正副經理、最後是企業的董事長，其中還有很多的中層管理人員作為聯繫者和調節者出現。現在呢？以事業為公司或以功能公司劃分的企業裡，有行銷經理、財務經理、生產經理，下一層即為下面的小團隊，沒有什麼職稱名片卻一律印為某某經理。實際不過是底層的小行政、小職員，遇到專案時可能會臨時組織團隊，平時則各自負各自的責任。而一旦上面經理調走，這麼多人中便可能有一人會晉升，而結果很可能是因經驗不足，接二連三出問題犯錯誤，同時由於他的晉升，企業中可能會有一批能力和地位相差無幾者便辭職而去，或者就是開始和上級作對，於是公司請來空降部隊，人員換一大半，結果是越治越差。於是想到借助外面的人才，高薪聘請一批又一批的專家、人才前來會診，當曲終人散，發現問題並沒有解決多少，結果是讓諮詢公司進駐公司，長期合作，這麼一來，真正的功能機構反而成了一個又一個諮詢人員的執行工具。企業已離不開諮詢機構，到此時企業才發現自己效率並沒有提高多少，企業的成本也沒有降低，反而把一個不錯的企業變成了別人的實驗場。

某公司在接受了組織扁平化諮詢建議後，著手推行組織改革，以期裁減冗員，使組織變得靈活、敏捷、富有柔性和創造性。張小姐是該公司綜合管理部的經理，在了解到公司組織變革的計畫後，思考再三，向公司提交了辭呈。她認為組織變平了，中層的職位數量大大減少，上司的管理幅度變寬，就算長期待下來也無法升到經理。

這與企業的初衷是背道而馳，但是現實中這樣的情況卻並不鮮見，所以扁平化並不是萬能，甚至不見得有效，在服用它時要考慮到可能的副作用，別片面的認知到它的優勢而忽略了它的劣勢。

對中層的信任度究竟有多高？

幾乎每個企業的總經理都會承認：中層管理者是企業成長和發展的中堅力量，他們的水準好壞、能力能否得到充分發揮，直接影響到企業的經營和發展。如果把一個企業比做一個人，高層管理者就是大腦，要思考企業的方向和策略；中層就是則是具體負責大腦傳達和執行高層的決策，他們是公司執行力的關鍵。但是事實上，中層管理者在很多企業中位勢屬於「上不著天，下不著地」的中間階層，很多企業的中層嚴格來說只能算是一個「中庸」階級。他們既不敢違背高層的意見，也在管理基層的時候措施失當。最後成為一個上傳下達的庸才。

舉個例子：有一家公司的總經理就經常在人前人後抱怨下面的經理沒有人能幫上我的忙。或者表示事情他一個人做就完成，交辦給下面的經理就不會有結果。每次聽到這種話的時候，不知道這位企業高層管理者發出這些感嘆的時候，是否想過到底是什麼在影響企業中層的成長呢？

很多企業的高層管理者都是強權者，或者說是強勢的管理人物。但是正因為他們個人能力太強了，在潛意識裡他們不信任中層管理者能力，覺得他們不如自己，或者又看到一些中層經常把事情做得不如自己。事實上，不論你的中層工作得多麼出色，如果作為高層的你不授權允許讓他們放開思考和手腳，積極的展開工作。僅憑你個人的一人努力，注定管的越多錯的越多。

某公司是一個家族型的企業，從主管行銷的副總到一些重要部門和區域經理的中層管理者，有許多都和大總經理劉總經理沾親帶故。黃先生就是這家企業「外來」的中層。

憑著自己做城市經理期間的出色表現，黃先生被劉總經理力排眾議的推上了 A 區區域經理的位置。黃先生也不負劉總經理所望，上任四個月，其銷售額便達到了上一年度全年的水準。在這期間，黃先生的頭上也開始烏雲罩頂，先是身為 A 區前任區域經理的副總對他不爽，從促銷員的招聘到廣告、促銷計畫的審批等等都百般刁難，後又聽到風聲公司準備新派一位「皇親國戚」來將他取而代之。黃先生開始從對市場的專注中淪陷入了企業內的權術對抗。他最終並沒有打贏這場仗，因為公司的劉總經理無法為他一人而與公司內的家族勢力和一幫老臣子對抗。黃先生只有辭職，隨其身後的是一群與他身分類似的無望中層和一些逐感寒心的業務專員。

在企業高層影響中層成長的力量中，主力來自企業大當家和直管副總（或相應職位）。而有些企業的總經理家長專制作風強悍，禁錮了中層的主觀能動性，限制了中層的水準和潛力的發揮，並使他們依附在自己的權威之下。

這是建立在企業總經理是否剛愎自用，或在潛意識裡不信任員工能力，再或者是擔心中層做事的急切心態上的。也就是說，不管中層工作得多麼出色，在主管業務及管理上具有多大的能力或潛質，總經理都難以允許他們放開思考和手腳，積極和富創造性的各抒己見、展開工作。

如果有中層在這些方面冒犯總經理，總經理就可能基於自己的經驗及意識做出判斷，把他們的說法當做反動言論，如果再有中層在此基礎上稍有差錯的話，還可能成為總經理在會議上批評的典型。久而久之，意識到「多做（說）多錯，少做（說）少錯、不做（說）不錯」的中層們，一面迎合著「是」，一面豎著耳朵等你做出決策發出命令。

中層的創見和積極的心態及行為，就這樣被總經理抹殺，在你感覺很累無人能為你分憂解難的同時，中層也始終難以達到你渴望他們成長、成熟的預期。

趙小姐是李總經理一手帶大的人才，做了銷售經理後，才能發揮得更加突出，銷售業績以三位數成長，兩年之內公司相繼發展了分部。本來是一樁好事，李總經理覺得心裡不踏實，萬一趙小姐辭職，那對公司的打擊將是毀滅性的。

這個問題在中小企業中尤其突出，倒不是趙小姐離職單飛對公司造成負面影響，而是高層對待員工的態度上就有問題。如果不信任員工，反而會促成高層所擔心的局面出現。對於企業來說，如何滿足員工的成長需求，並且探索獎勵與約束相結合的機制，讓中層管理者不想離職也不敢離職才是上策。

公司在制度上的「用人要疑」已無法滿足企業總經理對中層責任心和品行的猜疑，總經理已經開始以中層難解緣由的任務責任人變換，安插親信到中層身邊打「小報告」，直接插手中層部門的日常管理，在其親力親為的措施上搞起了懷疑一切的「人治」，使中層感受不到起碼的信任感、價值感和尊重感，他們即使不走，也會抱著消極心態得過且過。

某食品貿易公司由於制度監管上的執行漏洞，曾經發生過多起區域銷售經理截流回款甚至是捲款而逃的事件。為此，劉總經理開始在制度之外「用人要疑」了起來，四個月前張先生剛剛將 A 市場做起來，就被調離到一個未開發區域衝鋒陷陣；新的區域經理做了不過三個月，就和 B 市場的區域經理做了個輪換；在欣欣向榮的 C 市場，陳先生身邊也多了一個只會威脅下屬不會做事的「特派專員」，名為協助實為盯哨。

正向成長的中層們逐漸開始了逆向成長。就這樣，與劉總經理非親非故的多數區域經理，在感覺不到信任和成就感的情況下，一個月內相繼辭職，而那些動作稍慢的區域經理也「一不做二不休」的為自己臨走斂財。

有的企業雖然認知到了放權的好處，但是，在放權之後卻不去維護中層權威，難以使他們成長為具有威信和執行能力的管理者；或者是缺乏監管過於放任中層，使他們成為了無法按你設定方向和速度奔跑的脫韁野馬。

某企業集團公司有兩個總經理。一個對他的中層一邊假性放權，要中層不必請示、自己決定，而另一邊卻經常無論過失大小，當著中層下屬的面將中層狠狠罵得不敢抬頭，還默許和接受一些希望出位的中層下屬向自己越級匯報，乃至經常安排單獨的事務給他們。如此情況下，被架空權威的中層形同虛設，行事近乎小心翼翼、畏首畏尾，因為怕部屬的不同意見招來越級匯報和總經理過問，甚至不敢向自己的部屬下達命令和檢查工作成果。他們還能得到總經理們的信任嗎？

第二個總經理對中層達到了驚人的信任程度。除非是約見一些重要的客戶、重審計畫與報表等等之外，他每天都很少在辦公室出現，更多的時候都是在透過電話遙控。於是常常出現一些中層出外辦私事、一些中層聚眾打牌將辦公室當休閒場所的情況，而對細節疏於維護和整理，對下屬疏於管理，經常手上工作一拖再拖，經常為交差謊報軍情，使企業處在了極大的鬆散和危險當中。

可以試想，上層管理變質為放任的信任，中層能在缺少約束和專注細節的壓力之中得到提高嗎？有的企業總經理屈服於企業中的「勢力」，對那些極富成長潛質或已經相當出色的中層，不根據其能力和貢獻的大小作職位、薪水和獎勵的嘉獎性調整，而是將他們作為自己與企業內部「拔河」的犧牲品。這種現象在家族企業或派系對抗明顯的企業中，較為普遍的存在著，大大影響了中層的成長、成熟及其穩定。

企業總經理自認為自己對所有的中層一視同仁，在實際中，有的總經理卻跟和自己性情及脾氣相投的中層走得很近，既是聚餐、噓寒問暖又是買東西，而與那些只知道悶頭做事不善經營的中層保持著就事論事的上下級關係，使這些中層感到了孤立的寒意，逐漸失去與企業一起成長的鬥志。

我的部門誰做主？

當你踏進一個公司擔任中層管理職務後，你最苦惱的是什麼？即你最怕上司的什麼行為？觀點衝突？撒手不管？也許都不是。最可怕的是上司管得太多，尤其是直接查收自己部門的具體事務。

上司越級插手你的主管事項，還不是苦惱的全部。在業務交叉比較強的企業，你的下屬也可能需要同時聽命於另一個主管，要想協調好簡直比打仗還難。

沒錯，這就是眾所周知的多頭管理，不少基層員工深受其害。不過，作為中層管理者，多頭管理的可怕性還更進一層，那就是除了可能眼睜睜的看著下屬被你的上司或其他主管直接管理，你本人又可能被上司的上司以及其他上司直接管理。誰讓你身居其「中」，同時有著兩種身分界定呢？

1977 年，某網路公司的總經理吳小姐和某理工大學二年級的學生陳同學相識於 BBS，交談過後吳小姐立即邀請陳同學到公司兼職。

吳小姐與陳同學最重要的合作是開發免費郵件系統。吳小姐認為免費郵件系統都是他想出來的，陳同學聲稱：「我雖然沒有具體寫程式，但是系統的整個結構全都是我設計的。」

1999 年 4 月，吳小姐和陳同學為技術上的一件事最後吵翻了。在陳同學看來，吵不吵翻都不重要，重要的是他不想再為這間公司工作了。

在吳小姐看來，吵翻原因是：公司要從 Internet 軟體公司轉型，而陳同學是個技術型的人，對新商業模型不是很看好。

陳同學不是不看好新商業模式，而是轉型後註冊客戶的重要程度高於公司實際收入，商業人才的重要程度高於技術人才。轉型後，陳同學在公司的位置就不像以前那麼重要了，而吳小姐卻很適合，從公司草創開始，他就不是工程師了。

陳同學離開公司還有一個原因，1998 年，公司賺了兩千多萬，吳小姐給了陳同學近百萬元薪資。陳同學當時大學沒畢業、從來沒在一家公司做過、從來沒吃過苦頭，他可能會覺得太容易了。

陳同學最終也沒拿到一百萬元。直到他走，也只拿到了四十萬到五十萬元。和吳小姐一起做的時候，就說好了他得 20%，但是，公司收入中有些應付款一時周轉不過來，而陳同學又不想再繼續做下去了。

公司員工人來人往，吳小姐心裡並不是太在意，但是陳同學的走著實讓吳小姐不好受，畢竟至今只流失過一個開發人員，確實很重要的人才。

有些企業越來越關注效率而非層級，高層不會顧慮自己是不是越權，而受到直接影響的中層，卻是有苦難言——不被信任的感覺是在所難免的，甚至被「駕空」也不是沒可能。嚴重一些的，主管的管理風格、思考方式、行動方案等等都被打亂，威信也難免被高層所動搖。其實，陳同學離開公司的另一個原因是吳小姐管的太多。明明你已經吩咐員工往東，上司直接指示他往西;明明你火燒眉毛似的要員工趕緊完成這項工作，上司卻偏偏湊熱鬧般的要派他先完成另一項工作。

吳小姐和公司的黃小姐關係很好，兩人在市中心一起租房子；吳小姐對黃小姐很器重，黃小姐原本是市場總監，後來做網站總監，統轄編輯部、設計部等核心部門，負責整個網站的內容。公司轉型的時候，打前鋒的只有黃小姐一人。然而，就在吳小姐為招不到得力中層苦惱著急的時候，黃小姐於 1999 年 10 月離開了公司。

原因是吳小姐經常越過黃小姐管理她的部下。吳小姐不顧黃小姐反對，繼續親自看每個編輯的工作方法，發現問題立即指出。黃小姐覺得，這樣做她沒辦法展開工作；吳小姐覺得，她在不停的推動黃小姐的工作，同時也是不停的教黃小姐怎樣管理。她覺得黃小姐太在意面子問題。她說服不了黃小姐，仍然堅持自己的做法。因為她想要快速的解決黃小姐手下所犯的錯誤。

黃小姐承認吳小姐比她聰明，比她能做事，卻也管太多了。工作中耗在跟上司爭論的時間太長，後來決定辭職。離開公司的原因還有覺得公司轉型之後，方向就模糊了，創新和突破少了。1999 年 10 月離開公司，而公司員工配股也是從 1999 年 10 月開始的，黃小姐對此一點都不後悔，就是等到配股，她也不知道會給她多少股份。

黃小姐離職後，銷售經理陳先生做了三個月也沒待住。陳先生是吳小姐從從其他公司挖角過來，用以加強吳小姐自認為很弱的市場推廣部分。最後，吳小姐認為陳先生和公司的作風不一致。「我們的工作習慣是一週七天，每天從早上九點做到晚上十二點。他沒有這樣做。」

陳先生離開時未作公開表態。每個人有自己的工作方式，檢驗工作的標準是工作成績，陳先生在工作期間的媒體發布追蹤報告和訪問量成長是最好的說明。

還有一個情況，作為公司的一個中層管理者，在任何情況下，都不要忘記和上司溝通。如果你不及時溝通，高層就會採取另外的方式來代替溝通，那就是：他自己去探索和發現問題。而當你不了解上司的想法，上司也不了解你的行動時，就難免發生觀念和行動上的分歧，此時如果主管還沒有適當的補救措施或合理的解釋，這個矛盾就會越演越烈。甚至，可能致使高層直接插手管理。請看一個部門主管的苦惱：

快到年底了，銷售壓力與日俱增，而且張先生又是業務經理。本來購買力就不旺盛，又趕上金融危機。前幾天，張先生就通報下屬，目前的重點是要抓住老客戶，堅絕不能流失。本來已經吩咐好，讓下屬王先生今天會議的時候拿出初步的方案，大家再一起討論。會議中才知道王先生的方案開始做了，而且居然是開發新客戶的方案。原來是總部的銷售總監要求各地都積極開發新客戶，並且直接吩咐王先生提交方案。王先生還以為既然銷售總監直接跟他下命令了，應該是早和張先生說明過了，所以也沒再問張先生。

張先生當中層的壓力很大，他認為高層不理解分公司的難處。就算要開發新客戶，也得先保證完成今年的業績再說啊！

中層的無奈

誰都知道，中層管理者一般是指企業的部門經理，本來應該是企業的中堅力量，承擔著企業決策、策略的執行及基層管理與決策層的管理溝通責任。現實中中層管理者卻有太多太多的無奈和委屈。

劉經理來公司時是很風光的，是高層的舊識，也有很強的技術能力和溝通能力。許多工作都不用總經理的指點就漂亮的完成了。並揚言，兩年後若有新分公司，他將會去上任總經理的職位。但是不知道為什麼總經理特別討厭他。有人說，是因為總經理的能力不如劉經理強；有人說，是因為劉經理說話太過張揚；還有人說，總經理擔心劉經理會取代他的位置。不管是什麼原因，漸漸的總經理開始界入劉經理的工作。總是時不時的將自己在外面學到的新經驗運用到他的部門中，當發現不適用的時候，總經理就會將工作再交回到劉經理的手中。這個部門就這樣一波一波的向前走著。劉經理也無可奈何的忍受著，一次一次的收拾著殘局。總經理開始經常找劉經理的下屬陳祕書，詢問劉經理的動向、劉經理的想法。陳祕書卻也不方便多說。所以在公司大會上，劉經理以及陳祕書和部門的部分積極工作的員工都被列為拉幫結派的對象。總經理經常責罵陳祕書，並以莫須有的罪名讓其認罪，經常弄得她莫名其妙。總經理以上級威嚴逼她承認錯誤，但是卻不知道是何種錯誤。總經理又說她態度不好，光嘴上說改就是不行動。陳祕書也因為中層和高層間的不合而混在戰爭漩渦中。

而劉經理和總經理的戰爭也逐漸轉為明戰。慢慢的，劉經理的工作被別人取代。分配工作的時候劉經理也不再從事專業性很強的工作了。最後劉經理主動離開了公司。

與劉經理有著相似經歷的還有一位部門主任。

馮先生自從當上了部門主任後，一直有一種生活在夾縫中的感覺，由於自己的辦事能力較強，所以在與部下打交道時，總覺得他們辦事不力，加上馮先生不會控制自己的情緒，動不動就訓斥部下，時間一長，他與部下的關係不斷惡化。而在與上司及公司別的部門打交道方面，馮先生又習慣站在部門角度考慮問題，常常「仗義執言」，引發上司和別的部門對他不滿。左右為難的他有時真想乾脆放棄。相對公司的其他人來說，畢竟自己升遷了、薪水高了、不用做基層的工作了，內心的這些壓力只能靠自己慢慢釋解。

作為公司中層管理者的「夾心餅乾」一族，一般是指企業的部門經理或者公司的部門主任。現實中，中層管理者的確有著太多的委屈和無奈。有人稱之為中「堅」力量，即中層管理人員需要堅強和堅毅；還有人稱之為中「間」力量，即上有高層、下有員工，扮演著「夾心餅乾」的角色；更有人稱之為中「煎」力量，承擔著上傳下達，溝通協調的責任，必須做到面面俱到，實在備受煎熬；更為殘酷的說法，人們稱之為中「艱」力量，如履薄冰、艱難生存。

郝經理是公司總經理的同學，同樣屬於轉行，但是卻勤勤懇懇、任勞任怨的工作。在他的帶領下，公司業績突飛猛進。近來遇到了郝經理生涯中又一次重大挑戰。這樣說，是因為他度過了無數的難關，曾接受過無數的挑戰。從內部管理方面到外部解決客訴，而這次卻是內外夾擊。總經理質問郝經理，下屬員工也因為對收入不滿意而找郝經理。外部的客戶也不斷的到處申訴自己的不滿。壓力是來自於各個方面的。郝經理本身的動力已經消耗殆盡了，所以提出了辭職的申請。

經理的工作不是一般的難。總經理用人一般會只用幾年就要換新的一任。因為一個中層一般情況下在工作兩年左右時間的時候就很難再有突破了。而郝經理為了追趕今年的目標也耗盡了自己的力氣。上司為了自己的個人業績、個人成就總是不知足的，他們也要向企業的所有者邀功。而邀功就要靠每一個中層的業績。

一般說來，作為中層管理者，他們正處於事業的上升期，所要承擔的除了提高自己本身的業績表現，還承擔著調動整個團隊，協調眾人工作的任務，有眾多複雜的人際關係需要處理，是一刻不能放鬆的「勞心族」。

作為企業中層，你有過無奈的時候嗎？

趙經理對總經理是言聽計從、百依百順，在公司裡面開創了新的先河，設立了抽成獎金制度，提高了員工工作的積極性。是一個埋頭苦做的好員工。上任時，總經理說盡好話，才找到了一個如此順心的下級。趙經理被譽為是集團十五家子公司中最聽話的經理。

不到半年，這位趙經理卻辭職離職了。原因是不管他是如何的努力工作了，總是達不到總經理的要求。而總經理在廣大員工面前是如何的不給趙經理一點尊嚴的責罵方式，趙經理也總是默默的接受著。臨辭職的時候，都沒有違背總經理，沒有說總經理一句壞話，只是一味認真的在自己身上找原因。

第五章

高層反思：如何留住中層

一位企業主曾這樣嘆息：片面的談「重賞之下，必有勇夫」的時代已經過去。中層危機在企業高層眼中觸目驚心。一方面，現在高層對中層的普遍要求不再是業績等於一切那麼簡單，對「勇夫」還增添了許多人性化的內容，如誠信度、凝聚力、包容性等；另一方面，中層考慮也更加全面，「重賞」除了薪水福利，還有對企業文化認同性、職位升遷率、培訓和利益分享機制等。此外，難道我們的高層為了更好的留住中層管理者，不應該好好的反思一下自己？

導正觀念

作為一個企業的總經理，誰不想把企業做大做強？有很多總經理沒有擺正自己的觀念，沒有意識到人才對於企業的重要性，無論是中層管理者、高層管理者還是基層員工，總以為走了姓張的還有姓李的。忽略了什麼是人什麼是才的區別，這就需要企業總經理們擺正重視人才的觀念。從許多成功企業走過的路來看，可得出這樣一個結論，人才運作是企業運作的根本。企業的發展是由產品經營到資產經營，到資本經營，到人才經營。有了人才，不缺少錢財。企業總經理必須意識到，企業的成長依賴於人才，用人更需培養人，培育中層是和開發市場、創新產品同樣重要的事情。人才在你這個企業不能成長，一定會到另外的企業去。物質獎勵的作用是有限的，工作環境、相互信任、企業文化、成長空間對中層管理者來說都具有長久的激勵作用。

如果一個企業總經理不具備管理才能，就不能很有效的平衡自己屬下的利益，從而造成中層管理者因對現狀不滿以至於消極怠工甚至跳槽。在新型市場規則建立和逐漸健全下，中層管理者任命制度的弊端將逐步暴露出來，並成為企業長遠發展的障礙。在競爭和誘惑同等激烈的條件下，如果中層管理者感到自己的工作環境不如其他企業，或感到自己所在的企業沒能給自己一個充分的發展空間及應得的薪資，那麼他會義不容辭的跳槽，因為企業總經理的日常工作是專職技術或專職管理，這對於中層管理者的跳槽情況會有一定緩解作用，可以減少這種不良現象的發展。

在面對全球經濟一體化趨勢，要想與國內外大企業競爭，企業必須走知識經濟領先的發展道路，依靠的還是更多更優秀的知識人才。透過什麼辦法吸引眾多的人才匯聚企業呢？其實也沒有什麼特別的辦法，只不過是要尊重他們罷了。尊重他們的知識、尊重他們的人格，尊重他們的工作。企業總經理的觀點應該是：只要有一技之長，就要給他用武之地。人才引進和培育方面的做法一是請，主動到外面去，請企業需要的各方面人才。二是容納，採取優惠政策廣泛吸引接收各類有一技之長的人才。三是教育，自己辦各種班或選派員工去進修，培養企業所需的各方面的人才。

河豚在日本被奉為「國粹」。河豚肉質細膩，味道極佳，但這種魚味道雖美，卻毒性極強，處理稍有不慎就有可能致人死命。同樣是吃河豚，日本卻鮮有人中毒、死亡的事情發生，問題出在哪呢？

河豚在日本加工程序是十分嚴格的，一名正式的河豚廚師要接受至少兩年的嚴格培訓，考試合格以後才能領取執照，開張營業。在實際操作中，每條河豚的加工去毒需經過三十道工序，一個熟練廚師要花二十分鐘才能完成。

加工河豚為什麼需要三十道工序而不是二十九道？這三十道工序絕不是憑白無故的杜撰出來的，一定是經過精細的科學實驗測試出來的，日本人沒有因吃河豚而中毒就是很好的證明。從這一點來說，凡是精細的管理，一定是標準化的管理，一定是嚴格的程序化的管理。

許多企業由於市場競爭激烈，都面臨著人才難留的問題。這和吃河豚的道理多少在些相似，企業都有缺乏中層，你怎麼才能留住他們？要想留住中層管理人才，首先得明白一個道理：一個優秀的中層管理人才，光靠高薪是留不住的，如果工作環境不和諧或是所從事的工作不是一種挑戰，人才就留不住。企業要留住中層管理人才，必須把市場拓展到最前端的領域，尤其是讓中層管理人才到風口浪尖上去鍛鍊，讓他們覺得有成就感。再就是人才收進來，還要盡快安排適合的職位，否則會造成中層管理人才的閒置和浪費，同樣留不住。

有的企業靠重獎留住中層管理人才，激勵中層管理人才，只能在一定時期，一定層次上顯示效果。因為金錢的獎勵只能滿足中層管理人才的基本需求，而對能力的肯定、人格的尊重和自我成就感等，遠遠不能滿足。當然，高薪水、高待遇也是不可缺少的一個基本條件。

用人很重要的是量才適用，這是一個方法問題。只要中層管理者有十分才能，企業就要提供十二分舞台。

企業總經理怎樣才能做到人盡其才？就是讓賢者居上，能者居中，工者居下，智者居側。賢者居上就是企業總經理要當賢者，就是採納主意和用好人，關鍵是會決策和用人。這種人的選擇一定要德才兼備，且德為上；能者居中，就是中層管理者一定要能做，企業管理中最難的就是中層管理者，中層管理者必須要獨當一面。當然，企業總經理放權不夠，中層管理者想做也不知如何去做，那就很麻煩，所以許多管理的邊際效應，就出在企業總經理與中層的連接點上。工者居下，就是說專業人才去第一線，這些人是企業的寶貴財富，沒有必要讓技術人員去當管理階層。當然，領導才能突出的技術人才是「專家型主管」，也要委以重任；智者居側，就是要有一群智者成為你的決策參謀，外部智囊團在國外非常盛行。企劃也是生產力，企業只有借助各方面的外部專業人員獲得更多的智力支援，在未來的競爭中才能生存和發展。

企業裡的任何事情都應一分為二看待，特別是企業的中層與總經理、中層與基層發生矛盾時。大家的目的都是為了企業、或者是為了工作、為了把企業做大做強。只不過是觀念上的差異、做法上的差異而已。如果企業總經理有容人之量，能夠做到對事不對人，把想法統一起來，哪怕是求同存異也好，問題就可以解決了。況且，能夠有勇氣提出反對意見的人，都有他一套自己的觀點和看法，不會人云亦云。對於中層管理者提出的好意見還有利於改進總經理的工作，使總經理也能夠得到提高和啟示。所以，企業總經理要贊成「要善用反對之人」。當然，善用反對之中層管理者絕不是指「劃派用人」。再好的企業也經不起複雜的人際關係的折騰。對於那種勾心鬥角、挑撥是非、排擠他人、「只會思考人，不會思考事」的中層管理者要堅絕不用，這叫做多用「君子」不用「小人」。

「用人不疑」與「疑人不用」這一用人之道是千年古訓，肯定有它積極的一面。「人盡其才天地寬」，企業總經理對下屬給予充分的信任，放心、放手、放權讓他們去做，盡可能調動中層管理者的積極性和創造性，大多數中層管理者是能做得很好的。

但是，作為一個企業的總經理，對自己不了解、不信任的人就一定要擱置一邊，即使是人才也不管、不聞、不問？這也是不對的。人才有兩種，一種是「被用之才」，良禽擇木而棲，等待「伯樂」相中；另一種是「自用之才」，也就是具有獨立人格的尋求自我實現的人才。「被用之才」總是讓上級有一個熟悉了解的過程；「自用之才」往往毛遂自薦、自信心強、有幹勁，對這種人，看中了就要大膽啟用。

認清形勢

作為高層的決策者，企業總經理必須認清企業的發展形勢，對中層危機有清醒的認知。就運行基本正常的企業來說，創業開拓初期、高速成長期、穩定創新期幾個階段，需要的中層數量、品格、側重點都有不同。在創業開拓階段，比較缺少的是銷售、業務規劃類人才；在成長階段，企業缺乏的是內部管理人才；企業穩定發展期，比較缺少執行、策略創新的人才。

不少企業總經理多次強調過，要處理好一個企業，首先要有一個好的主管團隊。就是說企業的主管團隊裡面沒有派系，沒有無原則糾紛，積極性就好調動。

企業總經理要調動中層管理人員的積極性，主要要做到中層管理者工作的責、權、利要明確。給中層管理者一個舞台，他做什麼事要明確。他做這件事跟企業的總體策略是什麼關係，要清楚。企業給中層管理者什麼資源，也要說得很清楚。

僅有這一點還不夠，企業還要有一套規則，按照規則來制定責、權、利。這個規則要大家認可。特別要注意的是，組團隊中有兩點不好處理。一是團隊成員不合格如何撤換？二是意見不一致怎麼解決？

公司年終總結，全年的業績已經按照既定目標完成，身為總經理的李先生心中還是感受到某些不愉快。在年終總結大會上，居然有員工提出意見，要求將社團補助款折成現金發放給員工。公司很重視員工的健康，過去半年來特別補助員工成立各種社團並提供經費，這是公司的一項很大的善意。員工的反映讓李總經理十分不舒服。真正讓李總經理覺得不愉快的原因是：這項員工福利計畫是他在不知情的狀況下制定的，決定這項政策的人是公司的副總。李總經理覺得自己在這件相關公司政策制定的事情上事前並未被告知，未能表示任何意見和看法，覺得自己沒有得到足夠的尊重。

公司的兩位副總都是與李總經理一起創業打天下的好夥伴。公司在成立時，也僅僅只有四位人員基於共同理念創造了這個智慧財產權和商標服務的事業。四年來，公司呈現飛躍發展，員工也達到了近百人，兩位副總所擔負的責任也隨著公司的發展而加大，公司在分工上雖然已有雛形，但是公司業務不斷的展開，使他分身乏術，他必須將許多事務委請副總代勞。李總經理很感謝兩位副總的辛勞，可是，公司在壯大後，他覺得對公司日常業務運作的了解及資訊越來越缺乏，副總的某些決定又未能事前告訴他，這種未得到足夠尊重的感覺常常縈繞在心頭。

關於撤換不合格的中層管理者必須重視的一點是進團隊的中層管理者的自身條件，德才兼備當然最好，如果沒有理想的中層管理者，那也要以德為主。因為企業要不斷發展的，團隊要調整是正常的。對於道德觀不好的中層管理者，如果進企業以後搞小團體，拉幫結夥，弄得企業總經理換都換不出去，那將會影響一個企業的發展。所以，第一是德才兼備，以德為主。

對待中層管理者意見和高層不一致的情況，企業總經理要把意見說清楚。有話當面講，堅絕不允許背後有小動作。而在對待不同意見方面。比如一個團隊裡面對某些問題的看法和意見不一致，事情又很重大，該怎麼解決？可以先把這個具體問題放一放，先從原則談起，因為大家最根本的目標是以企業的利益為最高利益。有了這個原則以後，再談具體問題如何解決。原則問題上大家意見一致了，基本上統一了意見，對具體問題的分歧就好解決了。

關於帶團隊方面，主要有以下五個問題：

一、規章制度。企業的規章制度在企業組織初期很簡單，比如有一條不許貪汙，任何人不許利用職權謀取個人私利。但是說到一定做到，要有一系列監督檢查措施跟上，保證這一條能落實，一旦發現，堅決依法辦事，絕不姑息、絕不手軟。

二、利益獎勵。由於企業的情況不同，當前獎勵的方式是各式各樣的。企業在薪水管理上要表現效率優先，按勞分配兼顧公平的原則，用分配的槓桿調動員工的積極性。

三、企業文化。企業文化有很多豐富生動的內涵，絕不只是表面上的形象包裝。最突出的一條就是把每個人的發展目標和企業的總目標結合在一起。對員工進行品格訓練，應從養成好的習慣開始，慢慢訓練，日久累積不可求一日大變。成功的企業經驗千篇一律，不成功的企業教訓各不相同。道理就在於「德」的一致性；都是使命感、事業心；而非德之舉，則各有所需，各有招法，難防難養也。

四、人才培養。企業中每位員工都時刻處在成長的過程中，企業不應只著眼於如何用人，更要注重培養人，這是兩個不可分割的整體。再好的人也需要在特定的企業環境和文化氛圍中提升，在挖掘、培養、累積、使用、調動等環節上，給予最大程度的重視。企業重要的責任之一是培養人才。企業要在「高素養——好效益——提高素養——更好效益」的良性循環的路上走下去。員工如果忠於企業的事業，上司想到的他能做到，上司想不到的他也能做到，這就大不一樣了。成功的領導者最成功的地方，就是他能夠把許多平凡的人組成一個不平凡的團隊。

五、管理哲學。傳統哲學思想有三大家：道家、儒家和法家。道家主張「無為而治」，是說應該尊重客觀規律，不要人為干涉。儒家則信仰「人之初，性本善」，因此它強調教育和感化。而法家相反，認為「人之初，性本惡」，所以強調懲戒。那麼，基於此，企業的高層要以道家想法來管理，要會發現並順應客觀規律。企業的中層主管要以儒家想法來管理，要重在啟發和教化。企業的基層員工要以法家想法來管理，要鐵面無私、照章辦事。這其中絕不能倒置。假如高層按法家的想法來治理企業，一定會出現「一言堂」。

可以說，做好一個企業的經營者主要有這麼幾點：

第一，要明白管理一家企業是怎麼回事，說它是一本很薄的書，你要把它概括得出來;說厚的話，每章每節是什麼內容，你心裡要很清楚，而且要能講得明白。

第二，選人。企業選人的標準主要有三條。一是德，就是說有一定的政治覺悟和道德修養。有強烈的事業心和責任感。二是除了目前已具備的業務能力、知識水準外，企業要更看重的是員工今後的發展潛力。三是有無信心和毅力。看有沒有可培養的潛力。有德有才，信而用之；有德無才，幫而用之；無德有才，防而用之，無德無才，棄而不用。

第三，在工作實踐中形成核心團隊。企業要本著以人為本的原則，從使用、鍛鍊、實踐中識別人才，以成績論英雄，憑德才「坐位置」，實行「能者上，平者讓，庸者下」的競爭機制。逐步建立起符合現代企業「賢者居上，能者居中，工者居下，智者居側」的內部人才結構。企業的歷史就是開發人才、培養人才、關愛人才、使用人才的歷史。

第四，放手用能人。對企業最高領導者的最大考驗不是在於其本人的工作成效，而在於企業最高領導者不在公司時員工的工作成效。領導者的最大本事是能讓下屬發揮最大能力。

企業中層管理者的任期不宜過長，任內的目標要非常清楚，責內的事不准請示、不准匯報。主管是做出來的，做對了是他們的，做錯了企業主管承擔責任。這樣，能人處在寬鬆的環境中自主經營，既減輕了高層的負擔，又充分發揮了能人的積極性，使企業得到飛速發展。

第五，大力促能人。所謂能人是有時效性的，要想永遠是能人，就要努力學習跟上形勢的快速變化。為此，企業要求每個人：一要努力做好本職工作，二要不斷創新，三要不停的學習。對於中層管理人員的努力、創造發明、特別貢獻等，企業除了給予通報表揚，還要根據效益情況給予相應的物質獎勵。

企業的核心領導者必須具備基本素養高，具有對任何環境、任何事情的應變能力;團結向上，形成了一個磁場的漩渦，把廣大中層管理者牢牢吸引在自己周圍，把整個企業凝聚成一個富有奮鬥力的整體；有信心、有毅力、能獨立作戰，具有強大的進攻性。

建設企業文化

在企業發展過程中，諸如市場開發、產品創新、人事管理等因素，哪一項做不好都會出問題，而在影響企業發展的諸多要素中，企業文化是重要的。當一個企業已經確立了產權關係和管理體制，企業文化的建設就成為關鍵。

企業文化就是以價值觀為核心，激發員工責任心和創造性、培養企業團隊精神、提高企業效率的一項管理基礎工作。它融合在生產經營活動的各個環節中，著眼點就在加強企業凝聚力的形成、培養人才、造就優秀的員工團隊、建立企業現代化的經營理念。企業文化的核心是企業精神，一個人要有一種精神，一種文化要有一種文化精神，一個企業也要有一種企業精神。如果一個企業沒有一種求生存、求發展、蓬勃向上、奮發進取、創新開拓、團結合作的精神，一定缺乏生機和活力，在激烈的市場競爭中就會衰敗。

每一個企業都有自己的企業文化，只是有的是自覺的，有的是不自覺的。沒有提出來，或沒有寫成文字，並不等於沒有自己的企業文化。有一些總經理以追求個人利潤最大化為目標，把企業和員工當成個人發財的工具，這也是一種企業文化，但是這些都是落後的。

1960-1970 年代的日本企業以團體的板塊意識和傳統的家庭觀念為企業的核心的精神，強調員工的「歸屬感」，一個企業就像一個大家庭，使員工在企業中就像在家庭裡一樣。日本以這樣的精神推動企業發展，一舉成為世界強國。美國在二次世界大戰後，不斷推動和加強企業管理，把心理學、行為科學列入企業管理之中，以充分實現個人價值為核心的企業精神被普遍重視和發展起來，形成美國企業文化，從而成為世界第一強國。緊隨其後的韓國、新加坡等努力學習美國和日本的先進經驗，發展了各自的企業文化，造就了亞洲「四小龍」高速發展的業績。所有這些，無不看到企業文化在企業管理和發展中的重要地位和作用。

企業的改革發展中，對一些新舊觀念的碰撞、矛盾應給予足夠的重視，否則就不能推動企業的前進。首先要看到，我們頭腦裡過去的舊觀念、舊想法不可能很快丟掉，仍然會影響著我們的行為，為了求得企業得到順利發展，總經理們不能糊里糊塗在舊觀念裡過日子，要勇敢的正視和拋棄舊觀念，提出先進的企業管理理念和企業文化，這比什麼都重要。

企業文化要靠制度來表現和烘托，用氛圍來影響，用細節來表現，這是建立在制度之上的一種更高層次的管理。對於企業，技術可以仿製，管理模式可以引進，形象包裝和品牌建設可以交給專業公司打理，唯有企業文化，只能產生於企業內部，需要踏踏實實的累積和創建。企業文化的建設不是一個人、一個部門就可以做好的，而是需要全體員工、所有部門共同努力奮鬥的。

企業文化建設和推廣，就是要讓員工愛公司如家。要使員工愛公司如家，公司首先要像個「家」，使員工真正愛得起來。只有使員工在這個「家」裡感受到家庭般的溫暖，感受到傳統文化中的人情味，具有安全感、信任感和優越感，才能心悅誠服的為這個「家」的存在和發展而打拚。所謂「士為知己者死」、「滴水之恩，當以湧泉相報」。

企業文化主要有以下四項內容：互相尊重，忠於企業事業；精誠服務，以顧客為焦點；認真創新，造就企業名牌；科學管理，提高企業效益。這四項內容是一個互相聯繫不可分割的整體，企業文化是有層次的，首先是物質文化，其次是制度文化，第三是精神文化，最後是行為文化。企業總經理頭腦中的想法、管理理念，只有擴散為企業制度，而且最終融入員工的心靈、成為員工的追求時，才能成為企業文化。

優秀的企業文化有四個作用：導向作用，把員工導向共同的目標；凝聚作用，減少內耗；激勵作用，激發員工的榮譽感、責任感；規範作用，給員工的行為提供一個準則。這四個作用引導員工樹立正確的價值觀念。我們不要把互相尊重僅僅視為是個人關係的改善，而要把互相尊重提到企業的精神支柱的高度來意識，把互相尊重作為企業全體員工和事業發展的源動力，只有忠實於企業，才能保證為共同的目標奮鬥，形成歸屬感，形成企業和員工的經濟命運共同體。「互相尊重，忠於企業事業」是企業對全體員工的要求，首先是對管理階層的要求，是領導者個人素養修養的核心問題，管理階層在這方面必須起表率作用。

有人認為，現代企業要把追求利潤作為企業的唯一目標，只把服務作為手段，這些看法是不正確的。應該把精誠服務理解為企業經營的最高目標，為什麼要這樣提呢？就是要求員工充分自覺的意識到企業的存在和發展取決於市場的競爭力和應變能力，而其最終的衡量標準是客戶和社會對企業的接受程度。

企業的最終目標是：第一，讓客戶花最少的錢得到最實惠的商品；第二，創造社會效益；第三，為企業的股東和員工創造發展的機會和增加收入，第三項是隨著前兩項的實現而隨之實現的目標。

準確的說，經營就是服務。企業的產品開發、生產、銷售等所有的工作，其水準高低是看客戶的滿意程度。當然，企業的各個工作環節有的是直接的，有的是間接的，但都要想到這個問題，想與不想不一樣，如果不想，僅僅想自己的小圈子，不想自己所做的事情與顧客是什麼關係，往往就會迷失方向，顛倒了企業和客戶的關係，所以「精誠服務，以顧客為焦點」應該作為我們企業經營的最高目標。

「認真創新，造就企業名牌」，把創新與名牌的結合放到策略地位，使創新成為名牌的基礎，成為企業發展的動力，企業在管理、行銷、技術等諸多方面都要創新，在各個職位上都要鼓勵創新。所謂「名牌」產品是企業各種優勢的集成，從而形成了企業與產品的知名度。實際上這是企業全體員工長期辛勤工作累積的結果。

要成功的塑造企業文化，有四個關鍵問題需要注意。

第一是自然法則，所謂自然法則就是宇宙的規律。比如，有一種文化概念：做好事一定有好報，這句話符合自然規律嗎？一車四人出車禍，平時一向做好事的人，就不會受傷嗎？這顯然不合理，在企業裡很認真工作的人就會被提拔嗎？答案是不一定。所以，錯誤的價值觀念會影響很多人，並阻礙企業的成功。因此自然法則是第一個要思考的問題，了解自然法則需要突破心智模式與運用系統思考。

第二是文化特性，每個文化都有其獨特性。舉一個最簡單的例子，對美國人來說，一就是一，二就是二，制度就是制度，可是對臺灣人來說，白紙黑字的制度一點沒改，可是執行的時候會因人、因時、因地而改變。比如上班要準時，同樣都是八點上班，可是不同的人遲到會受到不同的處分，有的人遲到，主管會睜一隻眼閉一隻眼，有的人遲到後果就會變得很嚴重。西方的管理者嚴格遵守指揮線，臺灣的總經理往往喜歡跳級指揮，也經常接受部屬越級報告，所以我們在執行企業制度或方案的時候，如果不了解臺灣人的特性，將會變得很被動。不過有趣的是學習西方科學管理比較容易，外國人學臺灣文化比較難，這也許是我們的優勢與未來挑戰世界級企業的法寶。當然身為一個臺灣人不理解臺灣文化，將是一個極大的悲哀。

第三是企業類型。不同時期需要不同的企業文化，例如在創業初期必須要有衝勁，強調行動；進入二次創業期要求講制度化、標準化。不同類型的企業也要運用不同文化，舉例來說，某一家製造業企業原本的文化是層次分明的軍事化管理模式，由於賺錢便投資 IT 行業，這時如果文化不作適當修正，一味強調原有的文化，不僅無法領導高知識水準的員工，也無法適應 IT 行業的快速與彈性，過去的成功可能導致現在的失敗。

第四是經營者的期望。有些經營者喜歡大格局，有些人喜歡穩紮穩打，有的講求排場，有的非常節儉，如果經營者不先整理自己的想法，創建文化時，一定會遇到重重阻礙。

做好人才培育

企業人力資源開發與建設，與培訓工作緊密相連。但因為企業培訓不像市場行銷或具體經濟開發專案那樣立竿見影見效，很容易被企業高層管理者所忽視。可以說，企業培訓工作組織的成敗、效果的好壞，與企業高層管理者、特別是企業總經理的參與程度有直接的關係。

企業總經理必須意識到，留不住人才和培育人才是兩碼事。不能因為留不住人才而放棄人才的儲備，也不能怕培養了一個競爭對手而不敢培育幹部。在科技發展的今天，有某一方面專長的人才，如果只有知識的消耗而沒有充電的機會，專長優勢也會逐漸喪失，中高層後備人才反而會成為企業發展的壁壘。企業必須有自己的人力資源規劃，包含培訓體系、人才儲備體系等，這是實現人力資源保值、增值的途徑，也是激勵員工和留住人才的有效方法。

企業要始終堅持把人才的培養作為企業發展的動力源，搭建良好的培訓平台，開闊人才事業發展空間，創建優良的培訓環境，不斷強化內部的親和力和凝聚力，穩步推進人才團隊經營。

有持久發展後勁的企業都比較重視員工的培訓，尤其是企業高層管理者對其培訓工作都有著自己獨到的見解。美國企業家傑克·威爾許說過：「企業經久不衰的原因就是兩個字：『學習』，真正能夠做好的企業，是善於把學習到的東西應用到實踐中去。」

「賽馬不相馬」是某集團企業的用人機制。某集團董事主席兼執行長認為，企業培訓非常重要，但是不能照本宣科、填鴨式培訓。該集團企業的培訓原則是讓自己的人講自己的事，即案例培訓。如果不參加培訓就不可以晉升，就不可以參加「賽馬」。這樣員工就都主動要求參加培訓。

可以說，正是企業高層管理者能夠以開闊的胸襟看待培訓，以超前的意識參加培訓，不僅使管理者自身學到了最先進的理念和知識，而且在企業內起到了廣泛的示範效應，為把企業成功塑造成為「學習型企業」奠定了良好的基礎。

蜀漢初期，諸葛亮所帶領的集團勉強算是一支實力比較雄厚的團隊，有五虎上將張飛、關羽、趙雲等人，又有魏延、王平等人，這些人都有其缺點：關羽驕矜自大，張飛脾氣暴躁，魏延難以駕馭，馬謖性情輕狂，他們都給蜀漢一次次致命的打擊。諸葛亮說：「此病不在兵寡，在主將而！」可惜蜀漢除了諸葛亮一個外，再無其他主將可用。所以諸葛亮只得讓關羽守華容、荊州，讓馬謖守街亭，讓劉封、孟達守上庸。而這些人連連違背諸葛亮聯吳抗曹的等政策，甚至包括劉備在內。最後諸葛亮指定降將姜維為帥，只因朝中無能人不得已而為之，正所謂「蜀中無大將，廖化為先鋒」，蜀漢人才狀況諸葛亮非常清楚，但並沒有引起對諸葛亮選拔培養人才的高度重視。

那麼主管為什麼必須培養領導人才呢？首先培養人才是主管的重要職責，因為無論自己將來是否晉升或退位，總是需要人接替，而且培養人才不是一朝一夕之事。所謂十年樹木，百年樹人；其次，聰明的主管追求事業上的成功除依靠自己的才智之外，更重要的是借助別人的力量。遇到困難，主管不能解決的時候，知道如何獲得別人的援助，即使自己懂，也要避免事必躬親，過分勞累，領導者應當只做那些別人不會做的事。所以主管除自己不斷充實知識外，更應隨時培養地位比自己低的人才，努力將其塑造成能做的人才；第三，培養人才對於被培養人而言是一種激勵，這使被培養人更願意努力工作，報答上司提攜之恩；第四，培養人才有利於加強下屬的參與管理，增強下屬主人翁精神，有利於組織推行新政策，改變下屬陳舊不良的工作習慣，讓下屬覺得受到主管重視。第五，培養人才，有利於將繁瑣的工作交予下屬完成，主管可抽出更多時間從事組織的策略研究。

企業主管團隊在每年初要與所屬各公司簽訂管理目標責任書，其中也要明確人才培養的目標、數量、及相關內容，同時指定公司作為人才培養的「第一責任人」，採取績效與獎勵並進機制，並把優秀年輕人才培養、管理、使用工作進行總體控制納入重要議事日程，對人才的引進、培養、使用等環節進行定期分析研究。

企業培訓工作不是孤立存在的，它是整個團隊經營和人力資源開發的一個重要環節，可以實現企業人力資源的系統化管理。具體的說，就是要建立有效的培訓與用人、薪水相結合的機制，制定相配套的政策措施，完善培訓、考核、聘用、晉升、待遇一體化的用人制度，形成培訓的獎勵機制。

某公司最引以為自豪的是它與培訓相配套的員工職業生涯規劃。當一名新員工進入公司後，部門經理必定與他進行一次深入的長談，內容包括「來到公司後你對個人發展有什麼打算；一年之內要達到什麼目標，三年之內達到什麼目標；為了實現這些目標，除個人努力外還需要公司提供什麼樣的培訓」，所有這些都要形成文字存檔。每到年末，部門經理和員工一起對照上年的規劃進行檢查和修訂，重新制定下一年度的規劃。這已成為一項滾動發展的制度，員工個人發展的每一步，都有相配套的培訓措施緊緊跟隨。為了實現目標，該公司每年投入數十萬美元用於員工培訓。

企業應該結合優秀年輕人才的專業素養、潛能等各方面的條件，分別制定優秀年輕人才的培養目標，並組織展開多層次、多管道的各類培訓，同時加強重點培養，提高培訓的個性化，對優秀技術和管理人才按照各自的發展類型分類安排有重點業務培訓，不斷提高其知識水準和創新能力。此外，企業還要有意識的強化各類高層次專業培訓，努力讓他們掌握更多生產經營和企業管理的新知識和新理論，培養一支「會管理、懂經營」的技術和管理力量。透過培訓，全面提高員工的大局意識和組織觀念，全面提高後備人才的綜合素養及組織協調能力，增加後備人才的潛在價值。

企業應為理論基礎扎實、創新能力強的人才創造各種機會，有目的的安排他們到重點工程、複雜的技術職位等進行一線鍛鍊，給他們壓擔子、交重任，豐富他們的專業知識，進一步提高他們的實踐能力、獨立工作能力和創新才能。借助重大工程施工建設，力求做到：建一個重大工程，出若干名技術和管理專家。

對於新進大學畢業生的鍛鍊培養，企業更要高度重視，採取「師帶徒」的形式重點培養。在一年的見習期內，前半年安排他們到生產一線跟專業對口的施工團隊，技術水準又高的隊長負責跟進，與一線生產工人共同工作，這樣做既可以使他們熟悉本專業的生產流程，消化在校學習的理論知識，又可以和以後的被管理者進行有效的溝通，便於日後的施工管理；後半年選派技術水準高、施工經驗豐富的施工管理人員帶領他們見習施工管理，傳授施工管理知識；見習期結束，企業要專門安排兩週時間，安排他們去經營部門學習工程預決算，為今後結算工作和二次經營打好基礎。這樣有重點的「傳輸帶」和輪職培訓，使年輕的大學畢業生拓寬了工作視野，掌握了更多方面技能，企業也建立了一支具備技術、各有特長的儲備管理人才團隊。

還有，每年企業都要集結員工召開座談會，主管團隊與他們直接對話，傾聽他們的意見，解決他們的問題，鼓勵他們積極投身生產經營一線，在實踐中成長鍛鍊自己。同時，積極宣導他們進行在職學習，鼓勵各類人才盡可能獲得各類資格證書，不斷充實自己。

職位設置和分析是企業人力資源所有工作最根本的出發點和連結點。對於企業來說，有效的職位分析可以使企業在招聘、考核、薪水等方面有明確的職位要求，並據此制定整體人才規劃和設計員工職業生涯，對與標準有差距的員工實施重點培訓。

總之，中層管理者的培養不是一朝一夕的事，綜合能力的提高有利於發揮他們的橋梁作用、聯繫作用，有利於提高合力。

長期以來，某集團公司積極宣導「培訓就是一種待遇」的理念，透過為高技能人才提供多種形式的培訓機會，一方面使他們真正感受到培訓的激勵作用，另一方面也促進了他們技能水準的不斷提升。

在實施培訓時，集團公司著重挑選優秀的、在職位上做出特別貢獻的、有培養前途的高技能人才參加培訓。有四所已列為高技能人才培訓基地，舉辦了九大類工種二十五個班次七百餘人參加的高級技能人才培訓，集團公司下屬企業根據產品需求，利用資源優勢，展開有重點的各類培訓，僅焊接類就有近百人取得了兩百多個項次的國際標準鋁合金、不銹鋼焊接證書，使技能培訓展現了內容新穎性、方式專題性、要求重點、專案實用性、方法靈活性的特點。參加培訓人員除全額在職時的薪水待遇外，對培訓期間的優秀學生還給予一定獎勵。在展開院校專業培訓的同時，境外培訓、二技能培訓、名師帶徒、經濟技術創新工程、推廣先進操作法等活動在各企業也得到蓬勃展開。

集團公司與國外合作，舉辦了第二期高技能人才培訓班，所屬企業選送了一百名優秀技師和高級技師參加培訓，並多次安排高技能人才赴歐洲、日本培訓考察；有國外技術引進專案的企業，還積極利用與國外先進製造企業的合作機會，採取「請進來，送出去」的形式，聘請國外技術專家到企業進行專項培訓，選送職位需要的優秀技能人才到國外進行考察、培訓、研修，進一步拓寬了高技能人才的視野。

透過選送優秀技能人才參加各種形式的培訓，提高了他們參加培訓的積極性和自信心，達到了既提高技能、又表現價值的雙激勵。

相比較而言，公營事業在職位分析方面顯得薄弱，需要盡快對大部分職位（特別是主要職位）進行職位分析和組織設計再造，建立一整套具有實際操作性的職位規範，明確各職位的任職條件、任用資格及職位所需知識、能力和素養的要求。並在此基礎上，對企業全員實施縱橫結合的網狀培訓，突出培訓的重點和有效性。事實證明，透過制定和實施職位規範展開培訓，能夠有效的提高工作效率和工作品質。

營造環境

待遇優厚至多能留住人而留不住「心」，因為優厚的待遇無法彌補由於中層管理者自身價值無法實現所造成的心理缺憾。企業要靠自身的發展、文化留「心」。因此，企業總經理要意識到：要想留住優秀的中層管理人才，必須為其營造寬鬆環境，搭建施展才華的舞台，從而使他們有一種家的感覺和理念，這個家就是企業文化——是人才想法的歸結地。

某電力公司自 2005 年積極推行中層管理者競爭制度以來，已有三十五名優秀的普通管理人員透過競聘考試走上了中層管理職位。後來，又有十名分公司員工從四十人中脫穎而出，進入公司生產、行政類中層管理職位的考核階段。

該公司牢固樹立「人才是最寶貴、最重要的策略資源」的理念，努力為人才成長營造良好的工作環境，舉辦了「組織中心團隊，培育百名隊長」活動，強化「師帶徒」傳輸帶的考核管理，提高前線員工綜合素養。為進一步激發各類人才的積極性、創造性，創新人才選聘機制，搭建公平競爭平台，對中層管理人員的培養、選拔、考核、任用和管理做出了詳細的規定。同時為了與市場經濟體制相對應、與工作業績緊密聯繫，建立鼓勵人才創新的分配制度與獎勵機制。目前，前線員工中有兩百九十一人透過了初、中級技能鑑定，有一百五十人被選為契約制工人。

在當今社會中，沒有創新精神和創新意識的部門負責人是適應不了形勢發展的要求，在具體操作過程中，政策的執行不應是機械性的，而是一種創造性的工作，要綜合部門團體的智慧，善於在工作中不斷發現問題、研究問題、解決問題，培養獨立思考的能力，富有創造性。

要達到以上綜合能力，除自身努力外，合理的培養環境也相當重要。

要為中層管理者搭建培訓平台。每年進行有重點的培訓，重點放在管理資訊、管理經驗上，提高管理效率。同時重視專業知識的培訓，結合職位特點和個人基本素養，採用「請進來，走出去」等多種形式，進行輪流培訓，提高業務素養。透過輪職競爭，拓展工作視野，增強工作能力、跨專業能力，業務與管理相容的方向發展。增強全方位意識、服務意識，提高管理層次和綜合能力。

在知識經濟時代，許多企業自誕生之日起就存在人才方面的先天不足，而在發展過程中則由於低水準的管理模式和落後的人才觀念與制度的缺陷，使得企業陷入了低效率的人力資源管理誤區，成為導致企業由盛而衰的重要原因之一。

知識經濟時代使人力資源管理職能已從傳統的「管」轉到了「以人為本」的開發，而許多企業仍將「人力資源管理」與傳統的「人事管理」相混淆。目前，許多企業沒有獨立的人力資源管理部門，即使有，也仍然沿襲過去的考勤、獎懲、薪水分配等純管理約束機制，同時普遍缺乏挖掘和培養企業自己人才的中長期計畫，沒有系統進行培養開發人才的工作，人才嚴重青黃不接，根本沒有將管理職能轉到開發和培訓人力資源方面來。

企業家必須從根本策略上重視人力資源管理，從長遠發展向支援管理體制的變革和人力資源工作的推行。對於企業個性方面的，應由企業改進內部管理制度，把人力資源管理提高到關係企業命運的位置，重視對人力資本的投入，形成吸引人才、凝聚人才、活絡人才的良性機制；對於企業共性方面的，可與其他企業聯合起來，優勢互補，加速造就適應國際競爭的各層次經理人才和新技術人才。只有領導者真正意識到「以人為本」，重視、培養和發展人才，人力資源管理才可能迅速走上正軌。

企業高層應因地制宜，抓好中層管理者團隊經營。一方面，要重視、開發、運用好現有中層管理者，把想法品德、專業知識、工作能力和工作業績作為中層管理者考核的標準。另一方面注重抓好後備接班人的培養，立足當前，著眼長遠，按照定職位、定員、定責的要求，對後備接班人進行系統、有秩序、重點的培養，經過合理競爭，從而提高中層管理者的整體素養。

企業要發展，人才是首要的競爭力。某傳統餐飲公司自從被上市企業餐飲集團收購後，在人力發展方面做了許多調整，短短兩年時間就吸收了各個領域的管理人才。

首先，設定了五年的發展計畫，明確了在不同時期、不同地區、城市的人力需求及人員勝任資質。對於有潛力的員工，公司將進行重點培養，並根據個人的興趣、公司的需求、職位的設計等讓員工有多方位的技能：比如在每個分公司，會挑選各分公司經理全面負責一個地區獨立、完整的運作；當地的行政主管也有機會承擔人事、行政、IT、採購、物流等支援工作；行政主管不再是單一的負責人事行政工作，而是積極參與公司的策略規劃。還有就是實行人員調動、輪職，年輕的營運主管有機會到全國各地的分公司工作，在地區總經理輔導下獨當一面。兩年之內，這些人員至少應在兩個城市經過歷練，既豐富了個人閱歷，也增強了實際解決問題的能力。所以，大部分管理人員都有在其他城市工作的經歷。公司也因此有了繼任的後備支援庫——當有新地區建立新公司，這些人員便是考慮人選。

其次，對於應屆大學畢業生，該餐飲公司會提供一系列的培訓。按培訓計畫，一個應屆生經過一年三個多月的培訓後，透過考試，便可以晉升為一名門市經理，全面負責整個店的營運、人事、財務、配送、工程、企劃宣傳等工作，管理將近二十人的團隊，也相當於一個小型公司的經理。集團為了拓展市場，目前已派部分餐廳見習經理去國外接受更專業的培訓。

第三，該餐飲公司認為，留住優秀人才更重要的是有一個良好的工作環境。有資料顯示，員工的離職三分之一以上的原因是因為主管的緣故。直接上司對於部門的指導有至關重要的作用。很多優秀人才更在乎能從總經理那裡學到什麼、在這個公司裡他的發展在哪裡。因此，該餐飲公司非常看重對高級主管的培訓。

優化獎勵

當一個企業總經理想要激發中層管理者時，必須要根據中層的內在願望來「個人化制定」。因為每一個中層管理者都會有幾方面不同的要求。首先是成就感的要求，中層常常有很強的進一步發展的意願，他會考慮能否獨當一面？或者要不要自己創業？成就感的需求會激勵中層往上走。另一方面，中層管理者需要有安全感。企業高層往往對待中層是做得好則留你，做不好則要離職，這對中層來說是很殘酷的。

在市場經濟條件下，企業必須加強對人力資源重視和開發利用，企業發展和創新離不開員工素養的不斷提高，建立以人為本的獎勵機制，有效的激勵企業員工，最大效力的發揮人的潛能，為中層管理者營造一個良好的工作環境，這對企業的生存與發展至關重要。

獎勵機制包括物質獎勵和精神獎勵兩個方面。

1. 物質獎勵

企業一般都重視對中層管理者的物質獎勵，但是這個階段的人，由於其職位、年齡、學歷等方面的原因，大都存在不同於一般員工的需求，中層管理者對歸屬感、成就感以及駕馭工作的權力感充滿渴望，他們都希望自己能夠自主，希望自己的能力得以施展，希望自己受到大家認可，希望自己的工作富有意義。所以企業制定薪資分配時，不但要重視物質獎勵的基礎作用，也要重視非物質獎勵對中層的影響。比如晉升、外出培訓、與高層的經常性溝通都是獎勵多樣化的表現形式。

某企業的做法值得借鑑：企業發展到一定規模，中層也有了一些錢後，企業在當地建了幾間別墅，賣給企業的中層，並向他們提供貸款。努力工作，還清貸款，成為中層的新目標。這既是獎勵，也是約束。之後，企業又鼓勵中層管理者把子女送到國外學習，為國際化儲備人才，這無疑又向中層提了一個更高的目標。另外，企業總經理也應該積極探索不同的獎勵方式，動態的股權獎勵、彈性工時、帶薪休假等方式都值得嘗試。

2. 精神獎勵

企業員工作為一個社會人，不僅有物質上的需求，更需要情感上的交流、關心和尊重。從某種意義上說，情感是維護企業內部團結一致的相當重要的紐帶。企業員工之間、上下級之間，只有具備共同的情感基礎，才會形成共同的目標、共同的信念和統一的行動。古人云：「上下同欲者勝。」要做到上下同欲，不僅要落實責、權、利，更要重視情感的溝通，做到尊重人、關心人、理解人，使員工與企業同舟與共、福禍與共。精神獎勵在獎勵機制中起到很重要的作用，它主要包括目標獎勵、尊重獎勵、參與獎勵、培訓與發展獎勵、榮譽和提出升獎勵以及負獎勵等。

(1) 目標獎勵

一個人只有目標，有追求，才會有動力。只有不斷啟發對高目標的追求，才能啟發其奮發向上的內在動力，每個人除了對金錢物質目標外，還有如權力、成就的目標，作為企業管理者就要將每個人內心深處這種目標挖掘出來，並在工作中不斷引導和幫助，使他們能朝著這一目標努力奮鬥。

一家主要經營電腦軟硬體服務的高科技公司總經理是一個很有個性的總經理，李總經理是一個很有浪漫氣息更是一個喜歡做夢的的企業家，他總喜歡對員工講述他的夢想，同時鼓勵他們要經常尋找自己的夢想，並為了夢想而努力。

每個人都有夢想，所謂夢想，無非是願望，有近期的、也有遠期的。不同的人有不同的夢想。身為總經理，一個重要的工作就是幫助部門經理實現夢想，並且定期召開中層管理者的夢想大會。

當李總經理聽完他們所說的夢想以後，便召集大家一起討論這個夢想是不是可以在短期實現。一旦確認可以實現，他便和大家一起討論如何實現，作為總經理，他當然根據公司為了幫助他們實現夢想所需要花費的金錢和精力的多寡，為各個經理制定不同的工作目標、並規定好完成日期，例如在三個月內把銷售量提高 20%，在半年內開發出適合中小企業的財務軟體等等。作為總經理，他會對大家進行詳細的追蹤，制定嚴格的績效考核辦法。在這個過程中他會經常出來幫助中層，讓中層盡快實現自己的夢想。一旦在規定日期內完成了制定工作目標，他將代表公司贈送給中層夢想大禮——當然就是他想要的夢想。

他經常鼓勵中層，人一定要有夢想，並且應該為了實現自己的夢想去努力，只要你的夢想是合理的，當你努力到一定程度後，你的夢想自然會實現的。

因為此事，公司被當地的媒體戲稱為製造夢想的公司，確實，在短短的幾個月內，公司幾個中層管理者的夢想都實現了，想得到獎金的拿到了自己滿意的獎金，想旅遊的也去旅遊了，想和自己偶像共進餐廳晚餐的也實現了。大家心裡都很高興，工作奮鬥力空前的強盛。作為公司的總經理當然高興，因為公司的業績在飛速的提高，應該說是爆炸式的速度成長……。

(2) 尊重獎勵

企業的健康、持久發展離不開全體員工的共同努力，企業總經理固然會說公司的業績是全體共同員工努力的結果，不一定真正做到了尊重那些在創造企業效益中默默奉獻的員工。要尊重員工個人的價值和地位，這樣才能使得員工體會到自身價值在這企業中得到肯定和實現，鼓勵員工更加努力工作。

除了統一的制度性獎勵以外，還需要有重點的進行不同的獎勵。例如，針對成就型的中層，應該多給他一些機會，當他犯錯誤的時候，要給予一定的包容；而任務導向型的中層，可能並不認同某件事，只要高層分派給他，他就盡量去完成，對於他們，應該注意給予一定的職業安全感，如果中層由於任務分配等原因工作出現問題，高層要勇於幫他們分擔風險、承擔責任；對於關係導向型的中層，應該多給一些關愛，創造他們和高層溝通交流的機會，避免讓他們產生被冷落的感覺。

(3) 參與獎勵

全員參與管理，讓員工真正成為企業的主人。讓員工直接參與企業管理，對工作中存在的問題發表個人意見和建議。當員工的意見和建議得到重視或被採納後，他就會有一種成就感和對企業的歸屬感，從而激發其表現出更大的工作熱情。

一個企業總經理認為，員工在企業中雖然分工不同，但不管是經營者還是管理者、技術人員還是普通員工，都是企業大家庭的一員。員工對企業管理參與越深，主人翁意識就越強，與實現企業整體目標要求也就趨於一致，就越能形成凝聚力和向心力。因此，該企業一直有著員工參與企業民主管理的良好傳統，十分重視員工參與管理的作用，從員工歸屬感、參與感以及共同利益驅動的深層次需求出發，採取多種手段實現「勞者有其產，勞者有其股」，使員工成為了企業的主人，並積極拓展員工參與管理的管道。

(4) 培訓和發展獎勵

隨著知識經濟時代的到來，當今世界日趨資訊化、數位化、網路化，知識更新速度不斷加快，員工知識結構不合理，知識老化現象日益突出，這就要求員工不斷學習，積極參與各種技能培訓，以充實和更新他們的知識，培養他們的能力。企業必須制定相應培訓計畫，讓員工有機會參與各種培訓，提供給他們進一步的發展機會，以適應企業新的發展。

處於企業成熟階段的中層管理者，大都是在企業創業和發展階段進入公司的，他們對企業忠誠並具備良好的職業道德和專業技術，可以說他們是一步步從基礎職位被提拔上來的。所以他們熟悉企業業務，了解員工，是企業難得的財富。但是隨著企業的發展，他們的管理知識缺乏，即由於管理能力所帶來的中層管理者問題也越來越明顯，比如在貫徹決策上有時候會打折扣、效率不高，出現執行力下降的情況，影響企業目標的實現。另一方面，由於本身能力的原因，他們得承擔公司裁減的壓力，出現得過且過的情況，影響工作熱情。目前企業針對全體員工的培訓以及外界針對高層的論壇比較多，真正有重點對中層管理者實行的培訓卻很少，對中層管理者實行包括時間管理、團隊經營、領導藝術、溝通管理以全面提升中層管理者管理能力的培訓就勢在必行。這不但是組織目標得以實現的需求，也是對中層管理者進行獎勵的有效手段。任何時候，培訓對於員工都是一種很好的福利式獎勵方法，對於成熟期的中層管理者更是如此。

（5）榮譽和提升獎勵

榮譽是組織對個人或群體的崇高評價，是滿足人們自尊需求，激發人們奮力進取的重要手段。每個人都具有自我肯定、爭取榮譽的需求，對於那些業務精通、工作表現突出、善於技術創新、具有代表性的員工，公司給予相應的榮譽與鼓勵，這是一種很好的精神獎勵方法。

企業高層應該幫助並參與中層管理者的職業生涯規劃。一般來說每個員工本身都會自覺參與自己的職涯規劃，以使個人發展的最大化，而作為組織也會進行職員的職業生涯規劃，以實現企業人力資源增值的最大化。兩者的有效統一，則是充分有效鼓勵員工的手段。作為公司中層管理人員，由於提升的空間相對狹窄，常常不知道為誰而做，出現職業困惑並由此喪失工作的熱情。而企業（特別是人力資源管理部門）參與中層職業生涯設計，不僅僅是出自對企業未來發展上人才策略的需求，同時也是關愛這個群體的表現。

領導要有藝術

在企業管理當中，特別是企業總經理領導企業中層管理者時，領導既是一門科學，又是一門藝術。它是在領導者自身的知識、經驗、才能和智慧的基礎上產生和發展起來的。所以一個領導藝術高明的企業總經理，必然是一個知識、經驗、才能和智慧或其中某一方面實力深厚的領導人才。如果離開了知識、經驗、才能和智慧的沃土，便無法產生真正的領導藝術。

企業總經理的一切領導活動應以調動人的積極性、做好員工的工作為根本。所以，領導藝術最主要的就是如何正確、巧妙並富有成效的做好員工的工作，調動員工的積極性的藝術。

那麼，在激烈的市場競爭中，企業總經理應該掌握怎樣的人才標準？應該樹立什麼樣的人才觀？才能確保企業立於不敗之地呢？

任何奇蹟都是由人創造出來的，所以在某種意義上，發現一個人才往往比取得一項科研成果還重要，用好一個人才往往比用好一項科研成果更有意義。可是管理階層如何正確對待人才，是一個直接關係到企業興衰成敗的重要問題，切不可掉以輕心。事實上，企業總經理只要求有兩項本事：一是胸懷，二是眼光。有胸懷就能容人，劉備胸襟小點，眼裡就只有自己那兩個義兄弟，後來才有「蜀中無大將，廖化為先鋒」之說；曹操雅量大點，地盤實力也就大點，到他兒子就有改組漢朝「董事會」的能力。目光如炬，明察秋毫，洞若觀火，高瞻遠矚，有眼光就不會犯方向性的錯誤。那麼，企業總經理應該怎樣正確對待人才呢？

一個優秀的企業總經理，首先要相信人各有才，要有愛惜人才之心，只是才能的方向大小不同;要看人才的本質和主流，不要求全責備；要對奉承自己和投自己所好的下屬保持清楚的頭腦；要看能力、長處和誠實決定取捨；要在激烈的競爭中立於不敗之地，就必須擁有人才和善於吸引人才。有的企業即使有人才也是留不住人才，這一個必須引起重視的問題。「精誠所至，金石為開」，只要企業總經理真正放下架子，拿出愛才之心、求賢若渴的態度來，吸引人才的奇方妙法自然會有的；愛惜、識別、尋求、吸引人才，都是為了更好的使用人才。用得好可以使效能事半功倍，事業興旺發達;用不好可能徒添麻煩，反成不安定因素。用好人才的方法，歷史上總結了不少寶貴的經驗，今天仍然值得我們研究、學習、借鑑，諸如知人善任、任人唯賢、揚長避短、用人不疑、不拘一格等等。

一個人才的成長，在校教育是必要的，但是只是一個基礎，更重要的是在職教育，使書本知識得到深化、檢驗、應用、提高和發展，所以造就一個人才，人資部門負有重要責任。具體培養途徑和方法很多，除了透過工作和集中培訓等，還可以為人才成長鋪路搭橋、開闢管道、創造條件、確定機制、進行指導，各公司均可結合實際靈活運用。

一般來說，中層管理者在工作中所表現的能力，都是實際擁有能力的一部分，其餘的能力需要透過獎勵使他更好的發揮出來。人都是要獎勵的，怎樣進行具體獎勵，方法很多，諸如行為獎勵、成就獎勵、許諾獎勵、獎懲獎勵、競爭獎勵等等，各公司可從各自的實際出發，靈活掌握發揮。有無容才之量，則是關係企業興衰大局和衡量領導者是否成熟的標誌之一。那麼，主要是容納人才什麼呢？比如有的上司怕下屬的才能超過自己而產生一種威脅感，因此妒賢嫉能之心油然而生，這就是不能容才之長。又如因為人才有某些缺點或錯誤，而捨棄其長不用，這就是不能容才之短和容才之過等等，這都是缺乏容才之量。發現一個人才，往往比完成或使用一項成果更有意義。人才為什麼要舉薦？因為人才也是人不是神，其外觀並無與眾不同特徵，不舉薦便難以一眼識別出來，因而被埋沒。舉薦人才必須出於公心，把企業利益放在首位，所以舉薦人才是領導者的一種美德。

企業總經理既要責罵、又不傷人，反而使被責罵者感激你，產生「聞過則喜」，鞭策向上的作用，這就是責罵藝術的魅力所在。怎樣才能達到這種水準呢？首先一個重要的前提是，責罵必須出於好心，是真心誠意為了幫助被責罵者。責罵過程中還要講求方法。實踐證明，常用的有效方法如：一分為二對待被責罵者，不要否定對方的一切，要啟發對方自己意識錯在哪裡，並相信他會知錯必改，保護其自尊心，讓對方相信你的幫助是真誠的。再次，責罵要擊中要害。對症下藥，方能治病救人。如果對方無動於衷，一般原因可能在兩方面：一是責罵尚未擊中要害，二是責罵的刺激不夠。這就要冷靜搜尋對方的要害所在，或者適當加大一些責罵的刺激量，必要時也可以單刀直入刺中要害。當然，語言要嚴肅、真誠、熱情、耐心、切不可訓斥、歧視、急躁甚至諷刺挖苦。

中層管理人才的牢騷是一種比較多餘而又常見的現象，不能聽之任之，必須認真對待妥善解決，而要正確處理它就必須正確認識它。首先必須指出，有些企業總經理總是把發牢騷看成是一種落後的表現，甚至不能容忍，這往往是不能正確處理的癥結所在，這是不妥當的。這樣做不但不能解決問題，有時反而可能引發更多、更大的牢騷，最後的結果難以收拾。究其原因，癥結就在於有關主管沒有正確認識它。首先必須指出，發牢騷未必都是落後的表現。事實證明，有的先進人物有時也會發牢騷。凡是牢騷大都事出有因，這是人們某種不滿情緒的發洩。在沒有釐清原因之前就認定牢騷是落後表現，不僅主觀武斷，有時甚至是不公平的。當然不能完全否定，有的人由於私心太重，個人私欲沒有得到滿足而發牢騷者固然也有，但未必都是如此，而多數還是由於對主管的不滿，而自己又奈何不得，因此就產生了牢騷。諸如：有的領導者從事權錢交易，以權謀私、送禮受賄、不關心大眾疾苦、不辦實事；工作拖拉、不負責任、缺乏事業心、工作能力差、分工不明確、制度不健全；薪水、獎金、福利等分配不公平、主管作風不正；自己學非所用、專業不對口、懷才不遇、職稱不合理、任務繁重而得不到應有的關心、對環境或條件不滿意、合理意見受到冷漠等等，都可能引發牢騷，怎麼能說責任都在牢騷者身上，而真理都在領導者手裡呢？在這種情況下，領導者不是從自己身上找原因，反而責怪發牢騷者，無異於火上澆油，引發更大牢騷。所以作為一個領導者，一旦發現牢騷，首先應從自身找原因，牢騷還可以成為促進自己改進工作的動力，壞事就變成好事了；其次才是從牢騷者尋找原因，如果原因確實在牢騷者，再運用責罵的藝術，進行熱情、耐心的幫助。這樣才是消除牢騷，有利於矛盾解決、改進領導方式、促進事業發展的正確態度。

正確處理牢騷不僅需要相關領導者對牢騷的客觀、正確的認知和分析，而且更需要相關領導者嚴格要求自己，有寬大的胸懷和巧妙的處理辦法。聽到牢騷以後，要冷靜、客觀分析原因，是無理生怨氣，還是領導工作有問題？再對症下藥，不要聽了幾句牢騷就動氣。牢騷大體有三類，要區別對待：一種是合理的意見，不僅要認真傾聽而且不計態度；另一種是因受無政府主義影響，稍有不滿就大發牢騷，引起想法混亂，助長消極情緒，應該責罵教育，指出其危害性；還有一種是對不滿事情不正面提出而是私下發牢騷，要引導他們透過正當、合法途徑積極反映。

牢騷既已客觀存在，不應迴避，既不能壓也不能擋，最好的辦法是領導者誠懇、主動徵求意見進行了解；同時也讓對方了解全方位和體諒主管的苦衷，從而溝通感情，增強團結，消除牢騷。

善用領導權力

許多企業總經理一直沿用著以往傳統的命令式管理方式，認為領導就是發號施令。在這種建立於強制支配模式的體制下，儘管管理者有做好工作的良好願望，工作手段往往只是一味的強調自身的權力，用強制性方法來強迫下屬聽從指揮，使得管理效果甚微。下屬對上司往往怨聲載道，上司對部下往往冷眼以對。對下而言，管理者沒有威信；對上而言，員工不聽指揮。而對於那些與他們的工作有密切關聯但是又不是他們的上司或部下的人，比如其他部門或公司的人員，這些管理者就只會抱怨沒有權力從事他們應當做的工作，似乎沒有權力是他們管理不力的根本原因，從而規避自己的責任。造成這些問題的根源，恰恰是領導人不懂得合理的管理方式，沒有恰當的領導方法，不講究領導藝術，尤其是忽視了其自身素養及相應的影響力。

企業總經理的權力有兩部分構成，一是職務帶來的強制性權力，可以稱之為硬權力，二是主管個人特點帶來的影響力，這是一種非職務權力，是一種非強制力，可以稱之為軟權力。簡言之，就是給你的權力和你自己的權力。其中職位權是組織給你的權力，是因為組織相信你，授予你的權力，而威望權和專長權是屬於你自己的權力。如何在員工及服務對象中樹立威望，如何在業務上不斷學習和提高、真正成為知識型主管，要靠你自己修行。

領導不同於管理，領導需要能夠真正起到「領而導之」的作用，管理就是要管得住、理得清。好的企業總經理肯定是個優秀的管理者，優秀的管理者不一定能夠成為好的領導者。換句話來說，領導的內涵要比管理的內涵大得多，有一個公式來表達這一點：領導水準＝哲學素養＋管理科學＋領導藝術。不懂哲學的人，沒有策略思考能力；不懂管理科學的人，無法知道自己的策略思考為什麼貫徹不下去，沒有領導能力的人，只會自己衝鋒陷陣，無法調動屬下的積極性。我們經常見到一些很有哲學素養的主管講起話來很富有哲理，可是就是難以見到他辦好了具體的事，為什麼？原因在於不懂管理。有的主管有一套具體措施和辦法，把具體的事情做對了，但是策略出了問題，結果前功盡棄。也曾見過有的主管認真負責，可就是沒人願意跟在後面一起做，忙壞了上司，樂壞了下屬。所以，一個優秀的企業高層一定要懂得如何正確使用自己手中的領導權力，具體可以包括一下幾個方面：

1. 用思想指導人

在企業管理中，總有些企業總經理認為「主管就是給予任務，最後檢查任務的完成情況」，至於中間過程可以不管，即「管頭管尾不管中間」。沒有思想就如同人沒有骨架，有車無路、有橋無梁、無源之水是行不通的。主管就是設計師，是下屬的導師，要能以明確的思想指導下屬去行動，要安排工作，更要教方法，要管兩頭，更要追蹤過程。具體的說，在強力推進「三基」（抓基層、打基礎、苦練基本功）工程活動中，既不能照本宣科的傳達上級方案，又不能做不切合實際的流於形式的方案，要結合特點、實際，抓住幾大要害環節，工作方可既保量又保質的實施下去，只有這樣，才能確保目標的實現。

2. 用精神統領下屬

人總得有一點精神，任何一個企業總經理，如果自己都沒有一種值得下屬敬佩的精神，很難想像其下屬的精神狀態。一個企業總經理應成為本公司功率最大的引擎，是一個企業的精神支柱。一名稱職的企業總經理，表現在有較強的敬業精神、進取精神，在關鍵時刻有奉獻精神，部分人卻與之有較大差距，表現在自己不鑽研業務又愛指手畫腳，動輒火冒三丈、訓斥人、態度差，在一定程度上傷了下屬的心；有的精力都用在賺錢上，為自己、為親朋經商，忙得不亦樂乎，忘記了本職工作，一旦受到上司責罵了，就找理由，藉口人手少、工作忙、壓力大、下屬不得力等等，實不知你已脫離了下屬，離心離德的現象時有發生；有的放棄原則，也就是現行的法律政策和內部規定，沒有原則的團結和靈活，表現在遇到難題繞道走、用義氣代替工作中的同事關係，自身出了問題不能接受責罵，管理對象有問題產生時又不敢指出，沒有一種行之有效的精神理念，這個部門的工作只會繼續下滑、團隊鬆散，如果繼續堅持下去，那麼你將失去職位權。

3. 以人格魅力領導人

首先是企業總經理的人品，即個人品德，包括他的個性、形象、魅力、品德、修養等純個人特色的因素；其次是知識，包括領導者擁有的知識、資訊、能力、專長、技術帶來的非強制影響力；再次是資歷，包括領導者的閱歷、經驗、成功的工作紀錄。每個領導者在這三個方面的資源是完全不同的，加以巧妙組合就會形成鮮明的領導個性和領導風格。領導者的人格魅力不是組織正式授予的，不是世襲的，而是與個人因素相關的。文明時代的人們最崇敬的正是個人的品德魅力、個人的知識能力、個人的成功經歷。誰擁有這三方面的優勢，誰就擁有較大的影響力，誰就能運用好權力，讓其發揮最好的效益。這就是為什麼現在考察一個主管的「德、能、勤、績」時，要把「德」放在首位，德是領導者人格魅力的重要組織部分，是領導者的首要素養，這也許正是「德高望重」的真正含義。

企業總經理要靠自己較高的德行和 EQ 來領導、發展部門的中層管理者，他們使一個公司快速向前發展，使一個公司的廣大員工高度凝心聚力，努力奮進，儘管大家工作很辛苦，但是能「累並快樂的工作著」。他們共同的特點就是個人人品好、修養高、知識豐富，講究領導藝術。

某企業有這樣一位主管，他總是樂意幫助別人，可能本身幫助很小，這些人都感激他、感謝他，願意在他手下工作；他專有所長，善於用專長解決工作中的問題，向他求教的人很多；他善於與人溝通，與他工作交往的人都想成為他的朋友；他原則性強、有正義感，他在工作中所作決策回應者甚多；他講求方法，他所帶領的團隊總是在一種和諧愉快氛圍的當中。他的下屬欽佩他，擁護者眾，他甚至因此有了自己的粉絲，在各種部門考核中，這位主管總是脫穎而出，得到下屬和上司的一致認可。他說他工作起來總是得心應手，他享受著工作帶來的樂趣和幸福感。

「輕財足以聚人，律己足以服人，量寬足以得人，身先足以率人」。企業總經理處理好自身的品德修養和真情付出，就可以達到「以德服人」的效果，德治也是一種「榜樣的力量」，在領導工作中可以發揮極其重要的作用。這就是一個主管運用人格魅力做領導工作的成功例子。

4. 用制度約束人

制度是企業總經理帶領下屬展開各項工作的「遊戲規則」。人人都知道，沒有遊戲規則的遊戲是沒有趣味的。凡是公司紀律好、效率高、員工滿意、內部和諧的，都認真執行了內部規定；反之，就是制度不落實。是誰在這麼做？答案肯定是高層管理者。因為只有你做了，下屬才敢做；只有你不執行制度，你的下屬才敢違反制度。你充當了保護傘，最終買單的人當然是你了。在實際工作中，不會制定「遊戲規則」的高層管理者還是存在的。

5. 學會當被領導者

「善治人者能自治，善為人者能自為」，意思是凡能管理的人首先能自我管理，凡能領導別人者都能被別人領導。因為分工的不同，一個人具有領導身分的同時也具有被領導的身分。最好的領導者就是最好的被領導者。最好的被領導者包括若干個方面，其中表現在落實上級指示中，要做到想法通、不抵制；行動快、不拖延；切合實際，不做表面文章。

第六章

駕馭危機：重視中層管理者

每一個企業都存在中層危機，也可以說中層危機伴隨著企業從生到死。只不過每個企業發生中層危機的時間段、危害程度不同，所以有的企業早早垮掉，有的企業艱難維持，有的企業透過及時、準確的處理和解決中層危機，最後使企業蓬勃發展。其中最有效的方法是重視人才，特別是有能力的中層管理者。

善待中層管理者

中層管理者是組織中主要依靠知識、經驗和資訊創造價值的人才。企業要成為優秀的、具有競爭力的企業，必須擁有一些善於管理、能勝於重任的中層管理者。

一位資深企業顧問曾經講過：「要有效的管理中層人員，除非你比他們更了解他們的特殊性，否則根本沒有用。」因此，要最大限度的利用中層管理人中擁有的知識、經驗，促進組織目標的實現，必須充分了解自己的中層管理人員，並且在工作中善待自己的中層管理人員。

1. 是夥伴而不是上下級

在知識經濟時代，一個擁有專業知識型中層管理人才與非專業中層管理人才相比，他們對自己的業務比他們的上級或同事更熟悉，因此對這些人的使用之道，不應是上下級關係，而應是夥伴關係；不是透過發號施令，指揮他該做什麼和怎麼去做，而是要透過溝通、協商、引導，了解他們的價值觀，以及他們對事業的理想，以便為之創造一個有利於調動他們積極性的機制和環境，使之能自覺自願的發揮和貢獻他們的聰明才智。

2. 是資產而不是成本

一個具有專業知識型的中層管理人才與非專業中層管理人員最大的不同是後者沒有自己的生產資料，一個經驗豐富的中層管理者，只有被人僱用，為之提供生產資料，他們的經驗才有用武之地。但是知識型中層管理人員則不同，他們自己擁有「生產資料」，即他們頭腦裡的知識。正因如此，他們的流動性就比較大；一部分人可以一生潛於自己的專業，但是不一定忠於一個企業。如果他們在這裡只能發揮他 50% 的知識資源與聰明才智，他就會帶著他的知識流動到能發揮他 70% 能力的地方去。此外，非專業中層管理人員或工作能力一般的員工從經濟學上來說屬於成本，而成本是要加以控制和盡可能降低的，所以人員減少才能提高效益。知識型中層管理者卻不是成本而是資產。對資產不是加以降低，而是應使之增值。資產只有透過流通、運作才能增值。同樣，知識型中層管理人員也只有恰當的加以使用，才能使之創造價值，創造財富。因此，面對人才爭奪戰的新形勢，我們大有必要一改以往依靠行政命令，依靠灌輸方式的用人之道，而應學會平等的與人溝通、交心，並以尊重人、愛護人、理解人的心態去對待中層管理者。

3. 工作過程很難監控

知識型中層管理人員的工作主要是思考性活動，依靠大腦而非肌肉，工作過程往往是無形的，而且可能發生在每個時刻和任何場所，加上工作並沒有確定的流程和步驟，其他人很難知道應該怎樣做，固定的工作規則並不存在。因此，其工作過程難以準確監控。

4. 工作具有創造性

知識型中層管理人員之所以重要，並不是因為他們已經掌握了某些祕密知識，而是因為他們具有不斷創新的能力和管理經驗。知識型中層管理人員從事的不是簡單重複性工作，而是在易變和不完全確定的系統中充分發揮個人的資質和靈感，應對各種可能發生的情況，推動公司某個部門的進步，不斷使企業的產品和服務得以更新。

5. 自主性

知識型中層管理人員不再是組織這個大機器的一顆螺絲釘，不是富有活力的細胞體，與流水線上的操作工人被動的適應設備運轉。相反，知識型中層管理人員更傾向於擁有一個自主的工作環境，不僅不願意受制於物，甚至無法忍受上司的遙控指揮，而更強調工作中的自我引導。這種自主性也表現在工作場所、工作時間方面的靈活性要求，以及寬鬆的組織氣氛。

6. 較強的成就動機

與一般員工相比，中層管理者更在意自身價值的實現，並強烈期望得到社會的認可。他們並不滿足於被動的完成一般性事務，而是盡力追求完美的結果。因此，他們更熱衷於具有挑戰性的工作，把攻克難關看作一種樂趣，一種表現自我價值的方式。

7. 工作成果難以衡量

主要是指工作的複雜性。中層管理者的工作主要是思考性活動，對工作過程的監督既沒意義、也不可能。工作考核複雜。在知識型企業，中層管理者的工作由於科技的發展一般並不獨立，而以工作團隊的形式，透過跨越組織界限以便獲得知識綜合優勢。因此，工作成果多是團隊智慧和努力的結晶，這使得個人的成效評估難度較大。工作成果複雜。成果本身有時也難以量化。比如，一個市場行銷主管的業績就難以量化。原因不僅在於行銷效果的停滯期性，也在於影響行銷業績因素的多樣性。

8. 蔑視權威

專業技術的發展和資訊傳輸管道的多樣化改變了組織的權力結構，職位並不是決定權力有無的唯一因素。由於中層管理者具有某種特殊技能，往往可以對其上司、同事和下屬產生影響，自己在某一方面的特長和知識本身的不完善性，使得知識型中層管理人員並不崇尚任何權威，如果有的話，那就是他自己。

9. 流動意願強

各個企業之間的技術競爭實際上是人才的競爭，特別是知識型中層管理人員的競爭，這一大環境為中層管理者的流動提供了總體需求。而隨著全球化和資訊化的不斷深入、國際之間的界限日益模糊，為中層管理者的流動提供了可能性。在資訊經濟時代，資本不再是稀缺要素，知識取代了它的位置，長期保持僱傭關係的可能性不斷降低。

在以往的組織中，對員工的管理主要強調控制與服從。中層管理者的自身特點決定了我們不能運用傳統的對操作工人的管理方式來對待他們，主要應從以下幾個方面著手：

1. 提供一種自主的工作環境，使中層管理者能夠進行創造和革新。

工業革命的成就在於它成功的把專有技術轉化為大機器生

產流水線上的工作，從而提高了效率。為了鼓勵中層管理者進行創新性活動，企業應該建立一種寬鬆的工作環境，使他們能夠在既定的組織目標下，自主的完成任務。

企業一方面要根據任務要求，進行充分的授權，允許中層管理者制定他們自己認為是最好的工作方法；另一方面為其提供其創新活動所必需的資源。當然，應該避免過分強調自主所帶來的負面效應，即中層管理者自我遷就現象的發生。一種可行的方式是風險共擔，利益共用。也就是說，把中層管理者的收益與企業的發展前景緊緊捆綁在一起。

2. 去除一切柵欄，充分發揮中層管理者獨立自主性。

自我管理式團隊能使資訊快速傳遞和決策快速執行，提高企業的市場快速反應能力和管理效率，並且也能滿足知識型中層管理者工作自主和創新的要求。中層管理者經常從事思想性工作，固定的工作場所和工作時間對他們沒有多大的意義。為了鼓勵知識型中層管理者進行創新性活動，企業應該建立一種寬鬆的工作環境，使他們能夠在既定的組織目標和自我考核的體系框架下，自主的完成任務。

3. 強調以人為本，實行親情化管理。

中層管理者具有較強的獲取知識、資訊的能力，以及處理、應用知識和資訊的能力，這些能力提高了他們的主觀能動性，因而常常不按常規處理日常事務。和這些人員進行交往時，傳統的官僚管理作風只會碰壁，因此需對中層管理者實行特殊的寬鬆管理，盡量順應人性、尊重人格，鼓勵其主動獻身與創新的精神。應該建立一種善於傾聽而不是充滿說教的組織氣氛，使資訊能夠真正有效的得到多管道溝通，也使中層管理者能夠積極的參加與決策，而非被動的接受指令。

中層管理者也由於自己的專長而自負，對權威的頂禮膜拜已經成為歷史的陳跡。為了謀求決策的科學性，更重要的是得知中層管理者對決策的理解，定期與中層管理者進行事業的評價與探討，吸收他們的意見和建議，施以「愛心管理」應是知識經濟時代管理的一種趨勢。

4. 重視知識型中層管理者的個體成長和職業生涯的發展。

在知識型經濟時代，人才的競爭將更加激烈，人力資源管理的一項重要任務就是要吸引和留住優秀人才。然而，較強的流動意願又與此相悖，中層管理者更注重個體的成長而非組織目標的需求。首先應該注重對中層管理者人力資本投入，健全人才培養機制，為中層管理者提供受教育和不斷提高自身技能的學習機會，從而具備一種終生就業的能力。中層管理者對知識、個體和事業成長的不懈追求，往往超過了他們對組織目標實現的追求，當中層管理者感到他僅僅是企業的一個「高級打工仔」時，就很難形成對企業的絕對忠誠。因此，企業不僅僅要為中層管理者提供一份與其貢獻相稱的薪資，使其能夠分享到自己所創造的財富，而且要充分了解中層管理者的個人要求和職業發展意願，為其提供適合其要求的上升道路。也只有當中層管理者能夠清楚看到自己在組織中的發展前途時，他才有動力為企業盡心盡力的貢獻自己的力量，與組織結成長期合作、榮辱與共的夥伴關係。

5. 加強中層管理者的培訓與教育。

由於科技發展高速化、多元化，大部分中層管理者發現，知識與財富成正比例成長，知識很快過時，只有不斷更新自己的知識才可能獲得預期的收入，因此他們非常看重企業是否能提供知識成長的機會。如果一個企業只給其使用知識的機會，而不給其增加知識的機會，企業不可能保證中層管理者永遠就業，當然也就不能指望中層管理者對企業永遠忠誠。同時，大多數高水準的中層管理者更希望透過工作能得到發展、得到提高。企業舉辦各種培訓，能在一定程度上滿足中層管理者的這一需求。因此，企業應該注重健全人才培養機制，為中層管理者提供受教育和不斷提高自身技能的學習機會，使其具備適應本企業工作要求的能力。

注入新鮮血液

在經歷過全球性經濟危機後，作為一個企業的領導者，更關心的問題是如何管理企業，怎樣走出行之有效的路來。無可質疑，管理是保證企業有效的運行所必不可少的條件。組織的作用依賴於管理，管理是企業中協調各部分的活動，並使之與環境相適應的主要力量。有企業就有管理，即使一個小分公司也需要管理。適合企業發展的管理方式，才能使企業蒸蒸日上；只有適合企業發展的管理，才能使最初的小分公司成為日後的大企業。

企業管理的概念在進入二十一世紀後才被放在重要位置，

管理是一個很大的範疇，包括資金、制度、人事等等，同樣的，在企業中它無處不在，任何一個制度的建立，任何一個模式的改革都是管理的表現。但是，目前的企業缺少一個核心的管理理念，管理水準比較初級，存在著很多的問題：管理理念落後、基礎管理薄弱、現場管理混亂、組織制度建設停滯期等等。企業要想進軍國際市場、在國際市場擁有一席之地並成為偉大的企業，就不能落下管理這門深奧的學問。

但是目前的企業普遍遇到了一個難題：中層危機。這個危機的出現主要有兩方面，一是企業的中層跳槽走了，二是在職的中層沒有工作熱情了。於是，很多企業都在尋找中層管理人員。而企業尋找一個中層管理者難，尋找到一個合格的中層更難。

於是許多企業便動用外部招聘的法寶。企業在招聘中層管理人員中應該注意以下三個事項：首先，要弄清楚自己到底需要什麼樣的人，他需要具備哪些能力，現在和將來他能夠承擔什麼樣的責任，能夠為企業帶來什麼；其次，一個中層管理人士應該具有三種基本素養，職業技能、技術技能、工作態度，在這三個素養中，職業技能和技術技能是可以透過企業的自身培訓去完成的，因此，企業應該看中的是工作態度，也就是在招聘中要去學會發現應聘者的成長性，他能否讓自己很好的融入企業中，從而將自己的成長與企業的成長並進在一起；最後，應該關注下應聘者自身的個人品格，這一點將決定著他對周圍員工的無形影響以及企業在發展中存在的風險。

面對中層職位的重要性和繁多的面試資訊，企業如何才能保證錄取的準確性呢？答案關鍵是找依據。面對繁多的面試資訊，企業必須採用去蕪存菁、辨別真偽的方法找到支撐錄取的重要依據。一般來講，在錄取這一環節裡，企業應該關心和分析這三個因素：

其一，企業自身的文化。企業文化也許是看不見、摸不著的東西，但是它卻實實在在的影響著企業的每一個角落，因此，在中層人員招聘上，企業應該關注自身的文化是否與擬錄取者相協調和匹配的問題。

其二，工作經驗。也許在錄取上我們不能只注意經驗主義者，企業在乎工作經驗並不是看簡單的工作經歷，而是擬錄取者在工作歷程中所累積的管理能力和管理見解，這一方面有利於降低錄取者不稱職的風險，另一方面也有利於節省職前培訓時間，縮短錄取者與企業的磨合期。由此可見，透過工作經驗來解讀管理能力和管理水準也是錄取的一種重要方法。

其三，職業道德。職業道德直接影響著職業的行為，進而影響到工作的效果，而中層人員作為企業的中堅力量，假若存在職業道德問題，那麼勢必將會對企業管理和營運帶來不可估量的風險。所以，企業務必要在繁雜的資訊中對擬錄取者的職業道德有一個明確的了解，從而確保決策的準確性。

鯰魚效應的故事，相信大家十分熟悉。挪威人喜歡吃沙丁魚，尤其是活魚。市場上活沙丁魚的價格比死魚要高許多，於是漁民總是千方百計的想法讓沙丁魚活著回到漁港。可是雖然經過種種努力，絕大部分沙丁魚還是在中途窒息死亡，但卻有一條漁船總能讓大部分沙丁魚活著回到漁港。

原來船長在裝沙丁魚的魚槽裡放進了一條以沙丁魚為主要食物的鯰魚。鯰魚進入魚槽後，便四處覓食。沙丁魚見了鯰魚十分緊張，不得不加速游動，四處躲避。這樣一來，一條條沙丁魚就活蹦亂跳的回到了漁港。鯰魚進入魚槽，使沙丁魚感到威脅而加速游動，於是沙丁魚便活著到了港口。這就是著名的「鯰魚效應」。

「鯰魚效應」對於船長來說，在於相生相剋原理的應用。船長採用鯰魚來作為沙丁魚的威脅，促使沙丁魚不斷游動，保證沙丁魚活著回到漁港，以此來獲得最大利益。

對於企業來說，沙丁魚就好比一批同質性極強的老員工，他們技能水準相似，缺乏創新和主動性，使整個機構臃腫不堪。管理者要實現管理的目標，同樣需要引入「鯰魚」，以改變企業一潭死水的狀況。

某生產冷氣的公司近半年來業績明顯下降，總經理其實心裡非常清楚，之所以會出現如此狀況，就是因為對公司中層管理者的疏忽。於是，公司總經理開始大量招聘各類中層管理人才，有業務經理、技術指導，可是半年下來，沒有一個留下來，最長的在企業待了三個月，最短的才一週。是總經理招的人不優秀？還是企業缺乏吸引力？總經理開始反思……。

後來，總經理回訪了所有離職員工，發現問題是：他們受到了排斥。原有中層管理人員，平時可能矛盾重重，但是當有外來者可能會影響他們的利益時，他們會空前團結，一致對外。

於是，總經理改進了引進人才的辦法：一是不管引進什麼職務的人才，先從普通員工做起。薪水可以按相應職務給，也與應聘者約定一定時間後會讓其擔任相應職務。這一招還真管用，老中層員工不再牴觸了，他們認為這些新來的員工不會構成太大威脅。另一招是拆解舊勢力，當空降部隊掌握企業的情況和本部門的情況後，總經理就將部門職能拆為兩個或者三個部門。

總經理原來是技術出身，一直兼任總工程師的角色。他上任總經理後，技術部分就有空缺。總經理面試了一個在這個行業做了十多年的工程師，各方面條件都符合總工程師的要求，總經理便對他談條件，表明從普通工程師做起，最終職務目標是總工程師。

事實上，他只做了三個月，就對企業的業務很熟悉了。於是，總經理將他從技術部分離出來，成立了一個研發部，研發部的工程師全部是新招聘的，原技術部只負責日常生產中的技術問題與客戶的售後服務，研發部負責新產品研發、新技術引進等。過了半年，總經理又正式任命他為總工程師，管理技術部與研發部。

新官上任三把火，他一上任就大膽革新。成本降下來了，臃腫的機構簡化了，無能的「沙丁魚」被趕走了，有能耐的「沙丁魚」得到了正面的獎勵，整個機構呈現出一派欣欣向榮的景象。

當然，從不同的角度分析，「鯰魚」代表的內容是不同的，可能是主管，也可能是新來的員工。也許某一天你也變成了「鯰魚」，趕著一群「沙丁魚」向上奮鬥；你的同事也可能是「鯰魚」，那就和他拚命，看誰的能量更大；你的下級也可能有「鯰魚」，那就在激勵下屬成長的同時，別忘了給自己充實知識或技能，否則你也有被吃掉的危險；你的工作中也可能有「鯰魚」，那就合理的安排自己的工作，分清主次，讓「鯰魚」越游越起勁，最好能到上一層工作職位去攪動一番。

總之，「鯰魚」在不同的企業代表的職務可能不同，但是作用是一樣的，就是讓員工努力與組織保持同方向，永遠充滿熱情地向上游。

以價值觀來凝聚人

著名管理學家彼得·杜拉克曾指出：「一個人要在一個組織中獲得成果，其價值觀念必須與該組織的價值觀念相容。否則，這個人將不僅會遭受挫折，而且還將不出成果。」只有企業的價值觀與員工的價值觀一致，目標得到認同時，員工才會有參與這個目標建設的熱情，這個企業才有發展的活力。反之，價值觀得不到認可，就不能調動員工的積極性，企業的發展也就失去了動力支援。所以，企業必須清醒的把握企業和個人的價值關係，讓員工找到價值歸宿，努力創造「企業為我，我為企業」的雙向互動的良性價值關係循環。

企業核心價值觀是企業本質的和持久的一整套指導想法和基本準則。某大集團董事主席曾說：「企業發展的靈魂是企業文化，而企業文化的核心內容應該是價值觀。」隨著經濟的發展和企業經營模式的轉變，核心價值觀在企業發展中的作用日益突顯出來。國內外的成功企業幾乎無一例外的擁有獨特而先進的核心價值觀。這些價值觀如同企業的靈魂，成為企業經營管理的指南和不斷發展的內在驅動力，使企業在激烈的競爭中保持著旺盛的生命力，生動的說明了價值觀在統領企業、凝聚人心中的重要作用。

某國際電商公司的價值主張是「一個讓員工追求夢想的快樂社群」。某知名飯店的價值主張是「幫助紳士淑女成功」。某知名廚具工廠主張「產品、廠品、人品」三品合一的核心價值觀。所以它希望人才有創新和競爭觀念，有良好的價值觀和態度，誠信、正直、敬業、勇於肩負責任；有強烈的成就動機，善於自我激勵，勇於超越、追求卓越；有良好的學習能力；善於溝通，樂觀自信，充滿熱情。某知名廚具工廠走的是一條「做專、做精、做強、又好、又穩、又快」的「廚房專家」之路。

所以一個優秀的企業應該透過企業的價值觀來凝聚自己的中層管理者和其他優秀人才，具體可以從一下幾個方面展開：

1. 確立正確的職業價值觀，理念凝聚人。

創建良好的企業文化，將有助於形成廣納群賢、施展抱負、充滿活力的企業氛圍。因此，企業應確立自己的一整套企業文化理念系統，以「依法治企」和「以德治企」構成企業管理的兩個支點，讓優秀員工尤其是中層管理者感覺身在企業有一種自豪感和責任感，並為之奮鬥終生。

2. 完善全方位的保障體系，福利凝聚人。

企業應注意營造匯聚人才的良好環境，為他們提供良好的工作條件和生活條件，營造民主活潑的學術氛圍、和諧融洽的人際關係。要關心、愛護、理解、信賴人才，鼓勵他們充分發揮聰明才智，使他們充滿實現自身價值的滿足感、貢獻事業的成就感和得到企業尊重的榮譽感，以贏得人心，穩定人才團隊，不斷增強企業的凝聚力。

企業要有足夠的競爭力就要有核心、有信念、有共同價值觀。企業的靈魂是企業家的價值觀，也就是說，企業文化是企業家的靈魂。企業家把自己的信念、價值觀讓員工接受，是企業擁有長久奮鬥力、凝聚力、競爭力的重要基礎。

企業員工間要有共同的文化價值觀，企業才有凝聚力，才有共同的目標，共同的方向。企業文化不是企業有多少制度，寫多少標語在牆上。重要的是企業文化在員工心裡刻印得有多深，這個文化實際上是企業家的靈魂。

身為風險投資家，美國人傑克· 潘考夫斯基經常在各種論壇上發表演講，他最津津樂道的就是「人對了，公司就對了」。

剛在海外投資的前三年裡，傑克一口氣併購了多家企業，然而管理者團隊卻跟不上公司的發展。傑克開始思考招聘想法開放、年輕化、既熟悉企業的營運方式，又具有跨國公司的工作背景的「新一代的管理者」。最後，傑克招聘來了五十個這樣的人，這些新加入者還只是一支雜牌軍，他們每個人都帶著原來公司的印記。傑克要做的，是要打造一支具有凝聚力的團隊。

傑克非常明白：價值觀對於中層管理者來說具有導向作用，一個人想做什麼、怎麼做，在很大程度上是個人的價值觀的表現。對於企業也是如此，企業的價值觀是企業內部所有員工做事的理念、行動的指南、努力的方向。統一的價值觀就是所有員工想法意識層面的價值取向總是一致的，並且所表現出來的言行與之吻合。如果選擇的是消費者導向的文化，那全體員工就要樹立讓消費者滿意是最有價值的事情的理念，並且要深入到心裡，對於違反的行為要進行懲罰。如果宣導的是創新，那所有員工就要以創新為榮耀，並讓社會看到你們處處在創新。如果企業內部的價值觀沒有一個統一的標準，高層管理者強調創新，而中層管理者不認同，工作就沒有辦法展開，員工也不知道該怎麼做，就無從談業績。所以說統一的價值觀是企業業績的基礎，是團隊最大的凝聚力，一個團隊只有目標一致，成員才能同心協力朝著共同的方向前進，才能實現組織的目標。

為此，傑克請來了人力資源諮詢公司來幫忙，他們一起花了六個月的時間，去和每一個經理人談話，問他們很多問題，其中一個最重要的問題是：你為什麼來工作？

傑克和人力資源諮詢公司的顧問把自己關在一個房間中整整兩天，去看每一個人的故事——每一個人來工作都有他自己的理由，但是傑克要尋找的是：在這些理由中，哪些是相同的？他發現，幾乎所有人的理由中有一點都相同：他們有著「我們正在創造著什麼」的興奮感。來這裡工作的人們希望這家公司能夠真正成為一個融合國際優勢的跨國公司。於是傑克在一張白紙上寫下了公司的願景：建立一個真正的全球性公司，其獨特之處在於它能夠與世界的精華融為一體。

傑克接著和顧問還是回過頭來聽每個人的故事，繼續發掘這些故事中相同的東西，最後，亞新科確立了五項價值觀：團隊精神、個人責任、持續改進、尋求機遇、遠大目標。

傑克依靠價值觀凝聚了團隊，五十名管理者中的絕大多數人都留了下來，成為中堅力量。傑克說：「我並不是坐在那裡閉門造車，想出這些價值觀，把它們寫在牆上，然後我就回家睡覺去了，以為這一切就會自動的走進人們的心裡。正相反，這些東西都是從每個人的故事當中得來的，是大家共同追求的東西，我們把這些提煉出來，讓大家知道，公司的目標和個人的目標是統一的。正是這些東西讓大家興奮，讓大家每天早上爬起來努力工作。」

儘管有人非議過某知名電商公司的商業模式，沒有人非議該公司的團隊。毫無疑問，某知名電商公司的傳奇應歸功於一大群優秀的人才。而這群一度叱吒風雲又特立獨行的某知名電商公司人才聚攏在一起，自應歸功於企業創建的獨特價值觀。

該企業的總裁施了價值觀這個魔咒，使那麼多優秀的人能心甘情願的，甚至降身分、降收入的跟他捕捉一個在當時還非常遙遠的未來。

2008 年 10 月 15 日，知名 A 電商公司在海外開始首次公開發售（IPO）的宣傳展示，計劃發行 8.59 億股股票，占擴大後總股本的 17%。此次 IPO 融資額預計達到 13.2 億美元。

對於一個僅僅只有八年，目標是要做十二年公司的企業來說，這無疑是值得慶賀的成績。

對 A 電商公司來說，上市也許具有更特殊的意義。在該公司，只有工作滿三年的員工才有資格稱資深員工。而對工作滿五年的員工，某知名電商公司有一個更有特色的稱謂「白金員工」。作為紀念，成為白金員工，都會得到一個刻有自己名字送出的白金戒指。

上市前夕，A 電商公司平靜得有些不太正常。每個人都按部就班，似乎沒有人太過關心即將到來的巨額財富；每個人都一如既往，絲毫沒有一夜暴富的興奮。

在成功與財富面前，A 電商公司保留著一絲可怕的冷靜。

恰恰是這種冷靜，讓這間知名電商公司在八年內從十八個人的小公司成長為世界級電商企業。

有人非議過 A 電商公司的商業模式，但從來沒有人非議該公司的團隊；有人非議總裁善於炒作，但從來沒有人非議他的管理藝術。該電商公司的一切正符合向新經濟投資的至高原則：只要有一流的團隊和管理，你就成功了一半。

總裁對自己的團隊十分自豪，他說：「我最驕傲的是我們的人，其次是我們的投資者，最不驕傲的是我們的網站。」

總裁將代表自己價值觀的六個詞——客戶第一、團隊合作、擁抱變化、誠信、熱情和敬業——像咒語般深植於七千名員工的腦子裡。

重視人才

報紙上報導：留美碩士、海歸族成了花園裡的園藝師……「海歸」變「海待」早已算不上什麼新聞了，大多數人一直把原因歸結為「海歸」們對工作的挑剔。但是事實上，越來越多「海待」的出現，顯示了「海歸」競爭力下降的現實。

且不說「海歸變海待」、「留美碩士、海歸族成了花園裡的園藝師」的現象，即便有的「海歸派」學業不是很好、留學徒有虛名、學成歸國者眾多、「海歸」不再稀奇、國內人才供需矛盾空前緊張的因素，也不能排除出大材小用、人才嚴重浪費讓人才價值大幅度貶值的嚴峻現實。

從企業和行業層面看，企業的命運前途取決於其是否擁有一流的企業家、一流的人才、一流的管理者、一流的團隊。雖然企業的產品品質、價格、服務、創新能力、投資強度、反應速度、企業規模、交貨期限等都是競爭內容和競爭焦點，但是背後都是嚴酷的企業人力資源競爭。

美國鋼鐵大王卡內基有句名言：「如果把我的廠房設備、材料全部燒毀，只要保住我的全班人馬，幾年以後，我仍將是一個鋼鐵大王。」由此可見，建立競爭優勢的根本，其實就是培育和保護企業的人才競爭力。因此，我們必須澈底轉變「見物不見人」的觀念，把發現人才、培養人才、吸引人才和穩定人才，讓人才的創造性、積極性得到最大限度的激發，作為企業人才工作的主線和創新文化建設的核心理念。

記得有一位研究婚姻家庭的大師說過，幸福的家庭都是幸福的，不幸的家庭各有各的不幸。把這句話改動一下，叫做成功的企業都是一樣的，失敗的企業各有各的原因，但有一點是共同的，那就是在用人上都是失敗者。

近幾年來，博士生賣雞排、高材生回家種田、眾多大學畢業生當大樓保全的報導絡繹不絕。由此引起的紛紛議論歸納為兩種基本觀點，一種觀點認為這是人才貶值，一種觀點認為是正常現象並提出反問：「為什麼博士生就不能賣雞排、種田、當保全？」一時間輿論倒向這些高級知識分子自己轉變擇業觀念、當普通工作者。

在人才短缺的挑戰下，如何有效吸引、激勵、用好、留住人才，克服內外部困難，取得企業最終成就，背後的企業管理哲學和策略至關重要。「相互投資」的人才管理哲學和差異化的人才管理策略有助於我們建立一個有序的人才競爭環境。企業對員工的管理類型大致可以分成以下四種：一是投資交易型（彼此沒有長期的承諾，有的只是做好本職工作以及公平付酬），二是投資過量型（企業付出多，工會力量強大），三是投資欠缺型（利潤率低處於轉型期的企業，長時間不幫員工加薪），四是相互投資型（把員工視為企業的最重要的資產，員工有企業歸屬感）。有研究顯示：無論是企業還是在華的跨國企業，當公司屬於「相互投資型」時，企業的長期的整體效益與業績是最佳的。

劉邦打敗了項羽，統一了天下，建立了大漢江山，心情非常高興。一天，他大宴群臣，在宴會上，他乘著酒興，問群臣：「你們知道我為什麼能夠奪取天下，而項羽那麼多軍隊卻失去了天下嗎？」眾大臣七嘴八舌，有的說：「您治軍嚴厲，甚至苛刻；項羽太講仁義了。」有的說：「您最大的特點，是有功者賞，有罪者罰；而項羽嫉賢妒能，有功者害之，賢能者疑之。這就是您得天下而項羽失天下的原因。」劉邦笑了，說：「你們只知其一，不知其二。我之所以能奪取天下，主要是因為我善於識人用人。要說運籌帷幄之中，決勝千里之外，我不如張良；管理國家，安撫百姓，做好軍隊的後勤保障工作，我不如蕭何；統帥百萬之眾，戰必勝，攻必取，我不如韓信。這三個人是人中之傑，我能大膽的使用他們；而項羽有一個范增卻不能用，這就是我能奪取天下，而項羽失去天下的原因啊。」

劉邦給了我們一個什麼啟示呢？作為一個企業的總經理，不一定要有很深的專業知識，但是要懂得領導知識，特別是識人用人。劉邦是個不愛看書不會武藝的市井之人，但他精通識人用人之術，最後奪取了天下。項羽出身於官宦之家，知書達理，武藝高強，但他不會識人用人，最後只好演出了一場「霸王別姬」了事。

一個成功的企業，往往都能憑藉獨特的人才價值觀在激烈的人才競爭環境中取勝。企業大忌之一就是人才的流失，這背後的根本原因在於重物輕人，就是管理理念上的落後陳舊。我們在此考察這樣一個問題：在一個企業中重要人才的想法動向問題。應該說重要人才的想法動向往往會影響企業生產經營大局。影響這些想法動向的因素有很多：有對個人的生活狀況不滿、有獲取不公平薪資的、有受外公司優厚待遇的誘惑、有由於領導工作方法不當引發的。尤其是當企業有暫時困難時，那些對企業前途喪失信心的人才就會動搖。而這些人在離職前的較長時間內，總會把情緒的波動反映在行動上，背後講閒話、鬧脾氣，消極怠工、干擾正常生產與工作，在這種情況下，作為企業主必須理性分析下屬的情況，做好想法轉化工作，能留就留，真正無法挽留時，還是創造條件讓他走，這樣才不會影響大局。

有一份調查顯示大多數的社會人才浪費嚴重，人才閒置、荒疏和沒有用對地方的狀況嚴重，有過半的人才未能發揮作用或不能完全發揮作用，人才的顯現的才能未能發揮作用，人才的潛能更加缺乏開掘。論人才就不能不顧人才的價值，人才沒有價值就不成其人才。人才的價值不是主觀判斷的結果，也不能因體制機制匱乏、沒有人才成長和發揮的環境就認定一些人不是人才。人才的價值要表現在從事複雜工作的能力上，要表現在一定公司時間內、處在一定範圍內對具體工作的工作效能。

企業家應該看到的事實是，當今不少行業和所屬公司還是粗放型的工作，一些工作連國中生都能做，只要熟練就能做好。大學生以學校課堂和書本為主要學習方式，以實習為輔助學習方式，這跟社會各公司的實情肯定有所出入。大學畢業生初來乍到不可能有熟練工那樣的技能水準，因為熟練工日復一日年復一年的從事重複的工作，又在公司的特定環境中工作，比如一個經常拿榔頭的工人和一個很少用榔頭工作的大學畢業生一起比試，當然沒有什麼可比性。然而大學畢業生多少年的腦力工作（學習也是腦力工作），在智力程度上肯定要強於智力程度低下、長年從事簡單工作的熟練工，如果大學生到了某一公司不僅不用多長時間就能掌握那些簡單工作技能，而且只要具備一定的工作條件和工作環境，他們還可以從事複雜的工作，並且這些複雜工作是那些智力程度低又一直從事簡單工作者所不能做的，這種例子是很多的。可是，我們當今的社會急功近利想法非常嚴重，許多人資部門並不懂得人才規律、人才價值，大學畢業生找工作，他們恨不得馬上讓他們做出業績來，否則就認為這些不是人才。毋庸質疑，有些人資部門設備陳舊，工作理念的現狀低於大學對學生的教育水準，反過來卻說大學畢業生不能為他們創造價值，其實卻是大學畢業生「英雄無用武之地」。

尊重人才就必須尊重人才價值，尊重人才的價值不能忽略人才的學業價值、複雜工作價值、高附加值，那種把人才價值等同於誰都能做的賣雞排、種田、當保全，不過是刻意貶低人才的應有價值。

用人不疑

用人不疑是傳統的信任方式，用在企業管理上那就是要放手讓下屬去大膽嘗試，不要什麼都管。無獨有偶，美國企業家傑克·威爾許的經營最高原則是:「管理得少」就是「管理得好」。這是管理的辯證法，也是管理的一種最理想境界，更是一種依託企業謀略、企業文化而建立的經營管理平台。然而，眼下我們許多企業的管理離這種境界還有很大的距離。據一份調查分析：「在企業每一層次上，80% 的時間用在管理上，僅有 20% 的時間用在工作上。」而西方一些企業在管理工作中，「管」與「理」的比例是 2:8。

相當一部分企業有個現象 —— 管理者「發號施令」，員工照章辦事。在這些企業裡，員工的最高目標就是做好分內的事，工作的主動性、積極性被晾在一邊。受從眾思想的束縛，員工都很聽話，少有人會越雷池一步。

用人不疑是一種較為合理的人才使用觀。企業總經理能做到這一步，才能充分發揮人才的最大主觀能動性和成就。

崇禎就是用人多疑的失敗典型：眾所周知的袁崇煥就是最大的犧牲品，從剛開始的極其信任到最後的極度殘殺，充滿了多疑的用人方式。

崇禎為剿流寇，先用楊鶴主撫，後用洪承疇，再用曹文詔，再用陳奇瑜，復用洪承疇，再用盧象升，再用楊嗣昌，再用熊文燦，又用楊嗣昌，十三年中頻繁更換圍剿農民軍的負責人。這其中除熊文燦外，其他都表現出了出色的才能。然皆功虧一簣。「闖王」李自成數次大難不死，後往河南聚眾發展。明朝滅亡因為天災瘟疫和崇禎多疑，和士大夫無關。明思宗崇禎求治心切，生性多疑，剛愎自用，因此在朝政中屢鑄大錯：前期剷除專權宦官，後期又重用宦官；中後金反間計，自毀長城，冤殺袁崇煥。崇禎的性格相當複雜，在除魏忠賢時，崇禎表現得極為機智，但在處理袁崇煥一事，卻又表現得相當愚蠢。

可以這麼說，如果崇禎用人不疑，李自成很可能被楊鶴、洪承疇、曹文詔、陳奇瑜、盧象升、楊嗣昌等將領剿滅，如果崇禎用人不疑也不會冤殺袁崇煥，如果崇禎用人不疑，用好洪承疇，也不會導致洪承疇最終降清。

企業總經理對中層管理者的不信任，直接挫傷的是他們的自尊心和歸屬感。間接的後果是會加大企業離心力。如果企業的管理者能進行換位思考，與中層管理者建立起彼此信任的關係，在企業建立起一個上下信任的平台，無疑會增加中層管理者的責任感與使命感，激發他們內在的潛能。

而隨著市場經濟的逐步發展和企業員工契約制的推行，企業工作關係也發生了極大的變化，必須透過建立平等協商和團體契約機制，建立健全企業內部的工作關係法律制度，以規範、協調企業內部工作關係，使全體員工在團體契約的規範下各自履行義務，共同促進企業的發展。

在協商中，企業行政與員工代表地位平等，密切合作，按照工作法規定的相關各項工作標準，結合企業進行平等對話。在達成共識的基礎上，草擬制定團體契約，提交員工代表大會審議通過，正式頒布實施。以調整企業內部關係，使工會、員工之間增進了解，增強企業的凝聚力。即使員工深深的體會公司主管的關懷和愛護，又使行政主管進一步了解員工的意見、願望和呼聲，企業凝聚力明顯增強，員工的積極性大大提高。

而「全面統管」的結果有兩個：一是降低工作效率；二是挫傷中層管理者的積極性。因此，要想真正建立起一個有效的管理模式，不斷提升管理水準，首先要對中層管理者充分信任，堅決做到用人不疑，鼓勵中層管理者獨立完成工作；其次是合理授權，建立一個能充分發揮中層管理者能力的平台。這一點很重要，因為中層管理者有了自己的發展平台，就會緩解管理者的工作壓力。

現在，西方一些企業朝「無為而治」的管理模式發展。他們認為，只要人人都學會了自我管理，那些管理制度就失去了存在的意義。當然，這種理想模式的前提是，中層管理者發自內心認同企業文化。但是，企業文化的形成並非朝夕之事。中層管理者只有經歷長期的企業文化薰陶，才可能形成共同的價值觀，進而形成堅實的信任平台，管理才能達到「無為而治」的境界。

用人不疑表現了在用人上，經考查、分析、判斷之後應有的一種充分信任、大膽使用的氣魄和風格，應感化、獎勵被用者，促其產生「士為知己者死」的精神狀態。

企業總經理做到用人不疑，應該有自己的用人哲學，在給員工一定空間的同時，讓中層管理者充分施展其才華，從而帶動整個團隊的發展。

給中層管理者一點空間。每個人都希望擁有自己的空間，做這個空間的主人。總經理在信任中層管理者時，應注意責權統一的原則。授予中層管理者一定的空間，但同時必須使其負擔相應的責任。有責無權就不可能有效的展開工作，相反，有權無責便容易發生不負責任的濫用權力的現象。重用中層管理者以後，總經理應充分尊重和信任他們，放手讓中層管理者在職權範圍內獨立的處理問題，使他們有職有權，積極、主動而富有創造性的做好工作。

麥當勞的總裁克洛克是一個自由想法者，事業上，他不僅從不阻礙中層管理者的發展，而且還對中層管理者採取啟發、諮詢和要求的辦法，從不獨斷獨裁，受到了中層管理者的好評。他說：「我喜歡給中層管理者屬於他們自己的空間，而且一向尊敬那些能想到我想不到的好主意的人。」雖然對於某些主意，他也採取禁止的態度，在絕大部分情況下，他鼓勵中層管理者提出不同的意見，並熱衷於將新主意付諸實踐。他還說：「如果有人提出了新主意，我會讓他實驗一陣子。有時，我也會做錯事；有時，他們會做錯事，但是我們可以一起成長。」麥當勞的每一位中層管理者都有自己的發展空間，麥當勞給他們充分的信任，讓他們有機會證明自己的能力，但同時也要求他們承擔相應的責任。在分權管理的制度下，麥當勞的中層管理者表現出對工作很高的熱誠和合作精神。麥當勞給那些一直想找機會表現自己的能力卻一直未能出頭的人，提供從零開始的機會，桑那本就是這樣的一個例子。

麥當勞授予中層管理者非常大的權力和責任，鼓勵他們發揮所長，使他們在自由與責任之間取得平衡，並且促使不同類型人的智慧和創造力朝同一方向同步發展。麥當勞的高級領導者舉行會議的房間，被稱為「策略室」，這個名字準確的表達出了麥當勞的中層管理者在激烈的速食業競爭中同仇敵愾的合作精神。這間會議室裡沒有任何昂貴的裝潢，採取的是環型設計，這充分表現了麥當勞的平等合作的精神，中層管理者可以自由的各抒己見，為公司出謀劃策。新的構想一經產生便會付諸實踐，副總庫恩曾對此解釋說：「我們是一個求好心切的團隊，儘管我們也會犯錯誤，但我們可以在錯誤中學習。我們最擅長的，就是糾正我們自己的錯誤。」基於此，麥當勞在管理中總是勇於冒險，不畏失敗，因此獲得了今天的成就。

該放權時就放權

「越級管理」就是放棄不徹底的有力佐證，這被認為是管理中的大忌，被認為會嚴重影響中層管理人員的積極性，但是一些企業中的中層管理人員仍然常常面臨這樣的困境：下屬越級匯報，上級越級管理。劉小姐就進入了這個尷尬的境地：

劉小姐是某公司的中層管理人員，公司初建期間，總經理很喜歡對劉小姐的下屬進行越級安排，時間久了，下屬也常常越級上報，以至於到了現在，公司經過了創業期進入了擴展期時，總經理親自指揮劉小姐的下屬，劉小姐的下屬越級向總經理匯報工作已經成了家常便飯。甚至一些下級更是把越級匯報當做展示自己才能的方式，在總經理面前表現自己而否定劉小姐。因此很多的關鍵工作，劉小姐這個負責人都是間接知道的。多次下來，劉小姐覺得總經理看自己的眼神越來越不對，總經理對他的器重程度已不如從前。她也曾經就這件事情跟總經理正式談過，但是收效甚微，總經理還是很樂意自己親自去指揮員工工作。而下屬則越來越不把劉小姐當上級。

有人說管理是雙向的，既要管理你的下級，也要管理你的上級，那麼像劉小姐這樣的中層管理人員，應該如何擺脫困境呢？

總經理聽取下級越級匯報，並越級指揮的行為，是總經理不對，因為如果有越級匯報的情況出現，那就意味著直屬主管的管理許可權被弱化，最終的結果肯定是中層管理者們都開始不負責任，直接導致的結果就是有理想有抱負的中層管理者都離開了公司，企業也變成總經理的一言堂。

法國社會學家帕斯卡指出：「人類對於瑣碎事物的敏感和對於最主要的事物的麻木，標誌著一種不可思議的錯誤。」然而在現代企業管理中，這種「不可思議的錯誤」是屢見不鮮的。日本占部都美根據「大事有為、小事無為」的管理原則，把那些過於拘泥小事的企業家分為五種類型，即：①身居管理階層職位，卻無法免除事務，即職員氣質的「行政人員型」；②失去解決困難問題的熱誠，為掩飾虛無感而熱衷於開會、不做實事的「會議型」；③參加各種輕鬆愉快的迎來送往的禮儀活動，卻偏不做本職工作的「禮儀型」；④沒有政治或派系對抗，頓感無所事事，即處於虛脫狀態的「政治對抗型」；⑤碰到人就老談過去之輝煌騰達的「回顧型」。

這是對那些只抓小事、不抓大事的無能管理者的真實寫照。所以，高明的企業家善於「抓大事」，而昏庸的主管則喜於「管小事」。抓好「大事」則事事都得到治理，事半功倍；樣樣都管，而事事荒廢，事倍功半。這就是「抓大事」與「抓小事」的辯證法。

漢代有一位叫丙吉的宰相，有一次在吳國巡視的路上遇到一群人在打架，看到有人被打死了，他竟然不予理睬，催促隨從快走。走了不遠，看到一頭牛在路邊不停的大口喘氣，卻立即叫人停下來向當地百姓仔細調查情況。隨從們很不理解，問他為什麼人命關天的大事他不去理會，卻關心一頭牛的性命。丙吉說，路上打架殺人自有地方官吏去管，不必我過問，否則就是越俎代庖；而在溫度不高的天氣，牛大口喘氣卻是一種異常現象，可能引發瘟疫等關係民生疾苦的問題，這些問題地方官吏和一般人又不太注意，卻正是我宰相要管的事情，所以我要調查清楚。

這則「丙吉察牛」的故事意義深刻，它所展現的是主管要善於「抓大事、放小事」的深刻道理，對主管如何在新形勢下轉變工作作風、正確掌握科學的工作方法和駕馭市場經濟能力具有重要的借鑑意義。

《孫子兵法》的作者孫武也是主張用人必須放權的，他在《九變》中提出了「將在外，君命有所不受」的傑出想法。他在論述到權力的行使應以什麼為準則時說：「戰道必勝，主曰無戰，必戰可也；戰道不勝，主曰必戰，無戰可也。」就是說，戰與不戰，一切以能否取勝為准，而不能受制於君主的命令。這就要求將帥們「進不求名，退不避罪，唯大是保，而利於主」。即一切從國家根本利益出發，毫不考慮個人的名利安危，充分授權給你信任的下屬。

唐玄宗李隆基即位初期，任用姚崇、宋景等名相，整頓武周以來的弊政，推動了社會經濟的發展，出現了著名的「開元之治」。在這個時期，李隆基還是很講究用人之道的。

有一次，姚崇就一些低級官員的任免事項向李隆基請示，連問了三次，李隆基不予理睬。姚崇以為自己辦錯了事情，慌忙退了出去。正巧高力士在旁邊，勸李隆基說：「陛下即位不久，天下事情都由陛下決定。大臣奏事，妥與不妥都應顯示態度，怎麼連理都不理呢？」李隆基說：「我任崇以政，大事吾當與決，至用郎吏，崇顧不能而重煩我邪？」

這番話，雖然是責罵姚崇用小事麻煩他，實則是放權於姚崇讓他勇於任事。後來姚崇聽了高力士的傳話，就放手處理事情了。

能否做到放權用人，反映了一個領導者是否相信部屬。有的領導者做不到放權用人，關鍵的一個問題是對部屬不放心。怕部屬濫用權力，怕部屬辦不好事情等等。對人有懷疑你就莫用，用了你就不要懷疑，這也是用人的起碼道理。所以，要做到放權用人，就要解決好相信部屬的問題。

那麼，怎樣做到放權用人，亦即在用人中怎樣把握權力的集中與分散之間的權衡呢？

這裡最根本的，就是主管和部屬之間要各司其職，各負其責。作為一級主管，你的職位責任是什麼，哪些工作該你管，哪些是部屬職責範圍內的事情，你和部屬都各有哪些權力等等，都必須條列清楚。該給部屬的權力，主管不要占有，該是自己行使的職權，也不能疏忽。主要權力集中在主管手中，部分權力分散給部屬，正所謂「大權獨攬，小權分散」。上下形成兩個積極性，工作才會形成一個合力。主管「大權獨攬」也好，部屬「小權」在手也好，其目的都應該是一個，這就是做好一個團體或一個民族乃至整個國家的事業。

權力就像一條河流，不向下流動就會變成一潭死水。

任何一個企業都有一定的組織架構，不同層級有不同的領導者。在每個管理階層都要職務、職責、權力三者統一，使具有一定能力的人擔任相應的職務。同時，對這一個職務還要有相應的責任，並賦予相應的權力。

企業的領導者，能否集思廣益、激發每一位下屬的積極性，關鍵就在於能否放手使用他們，能否充分授權，讓下屬們有權、有職、有責。

如果能讓下屬感受到你放手讓他們工作，讓他們在權力範圍內自主的解決問題，就會激發他們對公司的責任感。

日本最大電器企業松下公司的創建者松下幸之助認為，個人的才做與能量都是有限的，只有讓每個人各司其職，充分施展才能，公司的管理才能健全運轉。因此，從創業之初，他就對所屬部門進行授權，把公司的管理按適當的規劃分為一個個相對獨立的事業部。

松下幸之助說：「公司繁榮時期，主持者應默默坐著，不要干預下面的工作。當遇到困難時，主持者便應親自指揮一切！」

正因為如此，松下公司的上上下下都能明確自己的職責並努力工作。

要使一個人的才能得到充分發揮，還必須具有一定的條件，如手中有一定的權力、一定的資金等。因此，對於有才做的下屬，要想充分發揮他的才能，你就必須充分授權。

美國的 IBM 公司就認為，責任和權力是一對不可分離的孿生兄弟，領導人要使部下對工作負責，就得給他應有的權力，這不僅是對他的信任和尊重，更是讓他展開工作的主要條件。

如果領導人做不到這一點，不給部屬任何處事的權力和自由，對他所辦的事情總愛干涉，你的部下得不到信任之餘，就會變得唯唯諾諾，缺乏工作的主動性和創造性。

因此，在 IBM 公司，各級都明確的有責有權，上級對下級範圍內的工作和權力從不妄加干涉。

重用中層管理者

有好的主管，才會有好的團隊。與其重賞中層管理者，不如重用他們。中層管理者希望企業總經理感謝他，更希望企業總經理需要他。與其「藏龍臥虎」，不如「龍騰虎躍」。「藏龍臥虎」是埋沒人才，「龍騰虎躍」是人盡其才。

有的企業存在著這樣一種情況，總經理喜歡挑大梁，無論大事小事都要親自過問，這就導致總經理在時大家忙忙碌碌，總經理不在時大家無事可做、精神懶散，什麼工作都停滯不前的現象出現。為了防止這種情況的發生，企業總經理必須懂得發揮中層管理者的作用，讓他們思考和操作，給他們一個挑大梁的機會。

曾有中層管理者說：「現在的工作分工越來越精細，也越來越單調，若是如此繼續下去，那真的毫無意義了。」也有人說：「這項工作太簡單了，做起來也缺乏成就感。」還有中層管理者說：「我的工作情況不理想，很想突破瓶頸好好表現。」可見，如果不能夠讓中層管理者感覺到自己在為企業挑著一個重擔，就容易讓他們覺得自己的工作沒有價值。

陳小姐是一家保險公司新成立的電話銷售分部的經理，她原本是另一個部門的最佳業務員。陳小姐深知肩上重任，所以對公司上層管理人員的一切指示，她都會一字不漏的傳達給下屬，要求他們一定要按公司主管的指示去做。她還把團隊劃分成兩個小組，安排兩個能力稍強的人當組長。公司安排給陳小姐的很多事情，她都會安排這兩個組長去執行，卻很少詢問這兩個組長有沒有解決不了的問題、需不需要幫忙等。

善於讓中層管理者勇挑重擔，是總經理考驗其能力的手段，也是總經理用權的策略。如果是千斤重擔一人挑，只能說這個總經理的權力欲過於膨脹，而不是什麼值得稱道的工作方法。有一個「小馬拉大車」的用人理論，意思是說不管你才大才小，你都能獲得稍微大於自身能力的舞台。小馬拉大車，使「小馬」感受到企業的信任，自然會不斷的追求進步，以便更快的適應手頭上的工作。而當業務成熟了，長成「大馬」了，很快又會有更大的車要拉。因此，總經理要堅持「尊重人就得委以重任」的用人原則。有十分之才，交給十二分的重擔。

日本東芝家電公司便一向奉行重擔子主義，也就是說，人的工作情況必須在工作能力之上。比如說，這個人可以拿起一百公斤的東西，那麼實際上就應該交給他一百二十公斤重的東西。如果不賦予重任，那便是一種罪過。如果要做到尊重中層管理者，那麼就應該給他重任，這樣才可以激發起中層管理者的創造能力。三星集團的董事長李秉哲就是一個善於給中層管理者重擔的人，三星集團的一個社長在回憶他的一段往事時說：「還是在我擔任第一毛織總務部長的時候，我突然接到一個任職令，讓我到新世界百貨店去當經理，實際上，那時候我還是個連在新世界百貨店賣東西的經驗都沒有、剛從鄉下來不久的人，而且又是在百貨店處於經營狀況不好、經營出現赤字和發生事故的時候。」

而這恰恰是李秉哲的高明之處。他深知，當一個人擔任某項重要的職務時，往往會做出意想不到的成就來，關鍵是要發現這樣的中層管理者人才。前面提到的那位社長的經歷就說明了這一點，他原來只是個無技術、無經驗的來自鄉下的普通社員，由於他能力很強，被李秉哲發現並重用，入廠兩年多就當上了第一毛織廠的廠長，不久又被接連提拔為總務部長、新世界百貨店經理、社長等。在三星，這樣的例子屢見不鮮。在三星，每個中層管理者都能充分發揮自己的聰明才能，這一點是值得每一個行業的人借鑑的。從創業時期起，李秉哲就認為，信任可以換來忠誠，信任可以激發中層管理者的潛能。他以各種形式傳達對中層管理者的信任和關懷，並對確實有能力的中層管理者委以重任，為其提供施展才華的舞台，三星也因此成為了世界知名企業。

首先，讓下屬了解其工作的重要性。

有中層管理者說：「我從事工作一段時間後才了解到工作的重要性，也就越有決心將其做好，故我深切體會到認知工作的重要性與工作意念有著密切關係。」當總經理為中層管理者分配工作的時候，不僅要做到把任務交代清楚，還要對中層管理者講明這項工作的重要意義、與該工作密不可分的其他方面、最後將獲得的效益以及如果該項工作出現失誤將會帶給整個企業的損失等，讓中層管理者感到自己所從事的是一項很有意義的工作，而且責任重大，他們自然而然的會對工作產生興趣，並會充滿熱情和幹勁的投入進去。總經理還應該進一步傾聽中層管理者的意見，經常與他們切磋琢磨，這些都是非常重要的。

王先生從知名大學畢業後，到知名電子公司工作。剛從學校畢業的他，初生之犢不怕虎，經過收集資料和實際的市場調查研究，寫了一封信給該電子公司的總經理，提出了該電子公司存在的問題和發展的建議。總經理讀後稱其為「一個會思考並熱愛電子業的人」，當即決定提升他為部門副經理。

其實，和王先生一同被招聘的那些員工應該都有這個升遷的機會，為什麼只有王先生一個人被重用了呢？正如總經理所言，王先生是一個熱愛公司的人，更重要的是他將這種熱愛轉化為了一種行動，這樣的年輕人當然會得到總經理的重用。作為王先生個人，在他被主管委以重任的時候，他能不從心底裡感恩總經理不重資歷看能力的這樣一種選才的眼光嗎？他能不比別人成長得更快嗎？

在總經理看來，王先生才能之外的「東西」，就是令他欣賞的「認真思考，勇於直言」的精神和態度，而這種「愛廠如家」的企業文化精神正是大力提倡的。總經理大膽授權並重用王先生，最終成就了王先生。這個結果告訴我們，主管的慧眼識珠，大膽重用，可以使人感恩一輩子。

其次，在交付給中層管理者重要的工作時，提醒總經理注意以下幾點：

建議你在大庭廣眾、眾目睽睽之下，有意製造最隆重的氣氛，將最困難、最光榮的工作交給中層管理者，使他覺得這是管理者對他的最大信任，是「看得起他」。在聽到別人對中層管理者的非議時，當即旗幟鮮明的予以駁斥，並且一如既往的重用他。在中層管理者出現了某些工作失誤，特意趕來向你解釋時，給他一點不過分的安撫和照顧，暗示他繼續大膽做，不要為此而背上思想包袱。當中層管理者確實因為某些客觀原因而遭到挫折和失敗時，總經理應勇於承擔自己的責任，絕不可將責任全部都推到中層管理者身上，讓他當代罪羔羊。

倘若採用了這些步驟，無論多單純的工作，也能令中層管理者體會到工作的重要性，並由衷的致力於工作職位。還有一點必須注意到：分配工作務必要因人而異。這樣，中層管理者才能消除對績效考核的牴觸心理，主動配合總經理，雙方共同完成績效目標，使績效考核成為雙方探討成功的機會而非批鬥會和菜市場，減少雙方的互相指責和摩擦。

對於剛剛走出校門、步入社會的年輕人，不要一味的強調他們缺乏經驗，應大膽的放手讓他們去做，把具有一定難度的工作交給他們去獨立完成。當然，在完成的過程中出現問題是很自然的，身為總經理，千萬不能責怪他們，否則就會大大挫傷他們工作的積極性和自信心，從而產生一種畏懼和厭倦的心理，這對他們的成長和企業的發展都是極為不利的。

在 IBM 的最初歲月，吳小姐做的是最基層辦事員的工作，具體內容就是行政勤務，俗稱是公司打雜的。面對這些繁瑣、單調的工作，她總是盡力把它們做得最好。「一個月跑下來，腿都腫了。」這就是為要做得最好所付出的代價。

只有做得最好，才有機會，上司才會看到你、才會注意到你的才華、才會大力的培養你，吳小姐才能被交付 IBM 公司地區性的全部銷售工作這一重任。她說她之所以被「重用」，完全是因為自己表現出來的實際能力、直屬上司的推薦和公司不拘一格重用人才的好制度。因為在 IBM，「好」經理的一條共同標準就是發現和培養下屬，重用有發展前途的員工，推薦他們到更能發揮他們作用的合適職位上。

但是，對於那些有一定工作經驗的中層管理者來說，輕易即可完成的工作或是反覆做以前的工作對他們來說是沒有什麼吸引力的。應該將難度適應其現在能力的工作交給他們，最好是只提供任務，而不涉及細節，這樣一來，他們就會感到身上有壓力，就會開動腦筋，想方設法的去鑽研，努力去完成。而一旦獲得成功，這將給他們帶來更大的喜悅和成就感。

對於企業的中層管理者來說，雖然他們每天所做的都是大量重複性的工作，仍應讓他們知道所從事的工作對企業的重要性，總經理應及時對他們的工作給予積極的評價。

做到言行一致

貞觀年間，一位不甘寂寞的草野人士上書唐太宗，請他清除佞臣。太宗疑惑的問：「我身邊都是賢臣，你所說的佞臣指誰啊？」回答說：「我身處草野，不能確知誰是佞臣。請陛下假裝發怒試驗群臣。若有人不畏您的雷霆之怒，直言相諫，就是正人君子。如果依順您的情緒，迎合您的旨意，就是佞臣。」

應當承認這是個有用的主意，實際上這是「以詐尋詐」，法理上可以納入「以不法手段，解絕不法問題」。唐太宗看出了端倪，借機教育大臣說：「流水的清與濁，關鍵在於源頭。帝王好比政治的源頭，老百姓好比流水。如果帝王自己先用詐術騙人，再想讓臣下直道而行，這好比汙染源頭而指望流水清澈，怎麼可能？」

唐太宗很客氣的對上書的人說：「我想以信義立於天下，不想用詐術引導民俗。您的話雖然出於好意，但我不能做。」

唐太宗曾婉拒「釣魚式執法」，言行一致，以身作則，廢止了誹謗妖言之罪，使臣下能大膽直言。

所謂誠信，世人最基本的概念就是說話要算數，也即古人云：「言必行，行必果。」一個人、一個公司、一個地方，若總是失信於人，那就是「狼來了」的重演。一位偉人曾說過這樣一句話：「世界上怕就怕認真二字。」這裡的認真，在某種意義上也包含對事業、對工作、對大眾的誠信。無論做什麼事，有了誠信，才有了立足之本。

《論語》中反覆強調，「言而有信」、「人而無信，不知其可也」。誠實守信也是孔子倫理想法的基本要義。要高度認知誠信是企業的無價之寶，誠信是企業領導者的生命所在，是一個企業的立業之本，是一個企業在市場競爭中的重要利器。沒有了誠信，也就談不上競爭力。言行一致是為人之本。言行一致就是企業總經理在管理企業時「說到做到」。它是每個人做人的基本規範，也就是我們日常說的道德。但是在企業管理中，有許多總經理不能做到自我約束，明知不可為卻為之。「主管」不僅僅是一個頭銜，它的內涵不僅僅表現在言談上，而在於如何為人處世的一言一行、一舉一動都能夠閃耀出靈魂的光輝。主管的性格和價值觀則比言行更引人注目。優秀的主管都應該是正直誠實的：言行一致、值得信任。

作為一個企業總經理，記性一定要好，既要記得下屬的名字，更要記得曾對下屬說過的每一句話。切記不要忘記你曾說過的話，否則你將失去企業總經理的信譽。

企業總經理的信譽是一種無比龐大的影響力，也是一種無形的財富。企業總經理如果能贏得下屬們的信任，眾人自然就會無怨無悔的服從他、跟隨他，反之，如果經常言而無信、出爾反爾、表裡不一，別人就會懷疑他所說的每一句話，所做的每一件事。日本經營之神松下幸之助說過：「想要使下屬相信自己，並非一朝一夕所能做到的。你必須經過一段漫長的時間，兌現所承諾的每一件事，誠心誠意的做事，讓人無可挑剔，才能慢慢的培養出信用。」假如你要增進更多的領導魅力，必須努力做好一件事：讓你的夥伴稱讚你是一位言行如一的人。

假如你想贏得卓越的駕馭下屬的能力，就必須做到言必行、行必果。這些忠告應時時出現在心裡：不要承諾尚在討論中的公司決定和方案；不要承諾辦不到的事；不要做出自己無力貫徹的決定；不要發布你不能執行的命令！

假如打算說話一諾千金，就必須誠實，因為誠實是高尚道德標準的一種表現，意味著人格的正直，胸懷的坦蕩而且真摯可信。想成為別人的榜樣嗎？那就誠實的對待別人吧！

假如能抓住、理解並實踐責任和榮譽的重要性，也有一些技巧供你參考：知道什麼該說，什麼不該說；知道對不同的對象講話方式不一樣；知道在不同的場合講話方式不一樣；知道講話的技巧，不求刻板；知道講話有餘地，而不要一下把話說死；知道不要依靠情緒來講話，而是憑理性的；知道把話說到什麼程度最合適；知道說過的話，就要算數！

假如想發展高水準的誠實品格，請記住這些忠告：「任何時候做任何事都要以真摯為本。」說話做事都力求準確正確；在任何文件上的簽字都是對那個文件的名譽的保證，相當於個人支票、信件、備忘錄或者報告上的簽字；對認為是正確的事要給予支持，有勇氣承擔因自己的失誤而造成的惡果；任何時候不能降低自己的標準，不能出賣自己的原則，不能欺騙自己；永遠把義務和榮譽放在首位，如果不想冒放棄原則的風險，那就必須把你的責任感和個人榮譽放到高於一切的位置上。

慎勿毀約。毀約近似於說謊，對下屬說謊，無異於在下屬面前翻臉不認帳，自毀形象！下屬對主管感到不滿的，通常說謊者占絕大多數。因此，主管對於下屬有一件事絕對要避免，那就是「毀約」。

莫非世上有這麼多愛說謊的上司？實際上，經過仔細推敲之後發現，有許多主管說謊多半是迫不得已的：有時是主管內心並不想說謊，由於各種因素，造成主管無法履行約定；也有時上司本身了解真情，說出來的時機還不成熟，因此被迫說謊，但是下屬並不了解整個事件的性質；還有的是因為上司發生了誤會，記錯、說錯或聽錯而造成的。即使如此，上司也不能輕率的處理此事。上司應該堅守一項原則——絕不對下屬說謊。

下屬通常會隨時注意上司的一言一行，一旦發現上司的錯誤或矛盾之處，就會到處宣揚。雖然此與信賴並不矛盾，但是被捉到小辮子也不是一件光彩的事。實際上，下屬信賴上司的程度，多半超過上司的想像。因此，一旦下屬認為「我被騙了」，那麼他對你所產生的憤怒是無法估量的。

你可能碰到原先認為可以完成的任務卻突然失敗的情形，因而無法履行和下屬的約定。此時，你應該儘早向對方說明事情的原委，並且向他道歉。若你說不出口，而又沒有尋求解決之道，事態將變得更嚴重。如何道歉呢？道歉的訣竅在於尊重對方的立場。一開始你必須表示出你的誠意，若你只是一味的為自己辯解，企圖掩飾自己的過失，只會招致嚴重的後果。一旦說謊的惡名傳開來，就很難磨滅掉，必須花費相當長的一段時間，才能將此惡名根除。

在工作職位上，如果必須說謊時，最好在事後找個機會說明事實。但是說明不能只是一個藉口，畢竟對方因為你的謊言而陷於不利的處境，或遭遇不愉快的事情。因此，應先對謊言誠懇的道歉，然後再加以補充說明。如果對方能夠了解你的用心，是最好不過了。但是，一諾千金不能只停留在口頭上，而必須付之於行動！言行不一、欺騙下屬是企業總經理必須克服的病症，否則將會自食苦果、毀於一旦！

怎樣建立信譽？應從說過的每一句話開始，從每一個行動開始，做到言行一致，誠信待人。你會發現你的責任感增強了，影響力也逐漸提高。

第七章

根治危機：打造最優秀的中層

企業未來決勝的籌碼是反應速度，此速度得益於企業團隊執行力，而團隊執行力很大程度上取決於團隊領導人（中層管理者）的領導力與執行力。中層有著承上啟下的橋梁和紐帶作用，因此，要澈底消除中層危機，就要求中層管理者要全面認知自己的角色定位，全面提升自己的精神境界，從而成為公司發展的關鍵力量，只有這樣企業才能繼續生存並發展下去。

中層應該釐清角色

在企業管理中，中層管理效能得不到發揮，並非全是中層管理職能的設計問題，大多數是因為很多中層管理者尚未釐清自己的角色，還沒有明確自己應具有什麼樣的角色，沒有擔負起公司發展中自己的職責。

套句托爾斯泰的名言：「幸福的家庭是相似的，不幸的家庭卻各有各的不幸。」優秀的中層都是相似的，糟糕的中層各有各的糟糕之處！有的能力有欠缺，有的品行不好，有的得不到上級信任，有的不能受下屬擁戴，有的擺不平其他「兄弟姐妹」關係。其實都是角色惹的禍。

曾經有人把中層管理人員劃分為三類：第一類是「恐龍型」中層管理者，這類中層管理者能力很強，但是卻常常要和上司「談一談」。第二類為「奴才型」中層管理者，滿意其忠誠，卻不滿意其能力。第三類是「小媳婦型」中層管理者，他們唯唯諾諾，像個受氣包。以上三類，其實都是對中層負面的看法。

而中層管理者的角色錯位主要表現在：

第一種錯位。一些企業的中層管理者，常把自己看作是民意代表，反映基層員工的呼聲，反映下面的意見，代表部門員工的意願。顯然，這是一種錯誤的角色定位。當公司的總經理公布企業確定了下階段的新的發展目標，或者說有一個制度要推出的時候，很多資深的中層管理者會發表一些意見：「我們部門的人，總經理制度太嚴了，普遍反映今年的業績標準定高了。」等等，實際上這是不對的，為什麼呢？因為你不是民意代表，你代表不了大眾意見，你不是大眾選出來的，你不是大眾領袖，你實際上是上級任命的。既然你是上級任命的，你就應該和公司的意志保持一致，特別是當公司的總經理已經決定了的時候。中層管理者應當代表公司維護員工的利益，而不是代表員工維護員工的利益。

第二種錯位。有些中層往往自己分內的工作還沒有做好，就先著急替總經理操心。實際上你坐在什麼位置上想什麼位置上的事，說什麼位置上的話；結果有些中層管理者往往天天替總經理操心，而忘記自己的一畝三分田應該怎麼來種。我們說：「中層管理者不僅要正確的做事，還要做正確的事。」有些中層管理者往往誤解了這句話，理解為「我不僅正確的做事，還要做正確的事，不正確的事我不做。」這種想法是錯誤的，因為當你這麼想的時候，你已經錯位了。其實作為下屬，你無權評判你總經理的對錯，總經理決定的對錯最終只能由市場來判斷，而不是由你來判斷。有些中層認為上司不對就不執行，或者打八折執行，或者拖延，這樣很多組織的目標、策略怎麼能夠得到貫徹呢？

第三種錯位。我們有時會看到企業裡有這樣的場景，在公司裡的某個場合，幾個員工在抱怨公司的考勤辦法嚴格。某中層也跟著說：「是有些不近人情，其實根本用不著這麼嚴格，大家都會自覺比較……。」在部門裡或在私下，當下屬抱怨公司的高層或公司的制度、措施、計畫時，有些中層卻跟著一塊罵，表示同情。這種角色錯位表面上看下屬會覺得中層管理者不錯，滿向著員工的，實際上往往容易造成員工想法上的混亂，而且不利於樹立中層管理者在部門裡的權威。

第四種錯位。把自己錯位成「局外人」。有一個企業新來了一名員工，第三天就辭職了，當總經理問中層管理者這個員工為什麼要辭職時，中層說：「我也不知道，反正上班第三天他就要求辭職。」仔細了解一下原來是這樣的，新員工上班的第二天，中層就對他說：「你怎麼跑來我們公司上班了，我們公司都兩個月沒有發薪水了。」我們想一下，兩個月沒發薪水誰高興？不高興你應該對你的上司說，不應該在你的下屬面前抱怨、發洩不滿，實際上你就把你錯位成「局外人」了。你身為中層，在下屬面前是一種職務行為，代表公司，而不是代表你個人。

第五種錯位。經常會看到或聽到有的中層管理者說：「剛才我說的這些，只代表個人意見。」這也是中層管理者的角色誤區之一。對上司而言，你可以代表整個部門的意見，也可以是你個人的意見。值得注意的是，部門意見一定是部門內部討論後形成的意見，而不是根據部門私下議論而形成的意見。但對同級或下屬說只代表個人意見是不對的。這時候，只能有職務意見，而不能是個人意見。對客戶和供應商，更沒有什麼「個人意見」，只有「職務意見」。

第六種錯位。比較常見的是錯位成「業務員、技術員」。中層本來應該是管理者，應該制定計畫、組織、協調、控制，透過他人來達成組織目標。透過他人來達成組織目標不是件容易的事情，但是很多中層忘了自己是管理者，把自己看成業務人員、技術人員。這樣的中層往往事必躬親，大事小事一起抓，事無巨細自己做得很辛苦，往往越做越被動，結果「這個經理特別能幹，但是大樹底下寸草不生」，公司提升這樣的中層犯了雙重的錯誤：我們失去了一個好的業務人員、技術人員，得到一個糟糕的中層管理人員。

第七種錯位。特別是對於一些公營事業或一些資深的經理，他就把這個部門看成是自己的，他就把這個委託代理關係給扭曲了。企業從上到下是一個委託代理關係，很多中層管理者正是對他自身作為經營者替身的角色認知不清，導致了這樣一些問題。

中層管理除了以上七種錯位外，有些還出現這樣一些問題：

1. 中層置身事外。意思是公司很多想法、目標、創新的東西一到中層那就卡住了。很多中層都有僱傭想法，「拿人錢財，替人消災」，沒有把企業看成是自己的。

2. 忙就是好。很多中層認為「忙就是好」，越忙越好。從不思考是不是有效率？是不是發揮了中層該有的作用？

3. 歸罪於外。很多事情歸罪於總經理、歸結於企業、歸結於市場、歸結於下屬，歸結其他部門等等。認為下屬現在能力比較差，公司管理跟不上，所以有些事情自己也沒有辦法。

4. 局限思考。有些中層只考慮部門利益、小團體利益，不從全方位利益考慮問題，導致部門分割，相互不配合，甚至部門之間相互推諉、拆台等現象。

以上現象都是對中層負面的看法，也是人們談「糟糕的中層」們的糟糕表現。

中層的角色具有以下幾個特點：

1. 中層的多角度管理。中層是面對上司、下屬、同事、客戶等等關係需要處理。每處理一個問題增加一個角度，處理問題的複雜度就成 N 次方成長。比起高層、基層，中層處理問題的複雜度要大得多，所以複雜度決定了中層管理者工作的複雜度是較大的。

2. 業務與管理的兩難。中層在公司裡既要做業務，又要做管理，這就面臨著到底是做業務還是做管理的「兩難」。中層既要懂業務，又要在管理方面發揮自己的作用。在很多企業裡面，都是以業務為導向，為了業務，必然在管理上就會放鬆或者說不到位。

3. 中層管理人員既要創新又要守成。企業不創新是不行的，而維持現有的管理制度、現有工作流程也很重要，其實在很多企業裡創新難，但是維護現有管理制度、流程等更難。中層既要維護工作的制度、流程，又要創新，不像公司的高層主要在創新，也不像基層主要在執行，這對中層管理者來說是一個挑戰。

很多企業責備中層不到位，其實有相當一部分是由高層造成的。現在很多高層就像「移動靶」，今天移動過來，明天移動過去，變來變去，今天一個主意，明天一個想法。在創新的口號下想做什麼就做什麼，搞得中層不知所措，剛定下來就變了。從而導致中層沒辦法穩定的發揮自己的作用，導致很多行為不可預測，把這些傳達到基層那裡，基層就會責備中層變來變去，中層人員不負責任等等。這實際上是由公司高層變來變去造成的。

首先是建設者的角色，每一名中層管理者，都應了解企業的使命，領會企業策略，成為上層管理的智囊參謀，成為主管領域的企劃者、建設者。好的中層管理者是富有建設性的，正是他們的睿智和努力，使企業管理富有熱情和靈感；其次是執行者，有效執行對企業的生存至關重要，這是中層管理者的首要任務；第三是溝通協調者，中層管理者在任何組織體系中，都承擔著承上啟下、協調各方的責任，其工作特點就是溝通協調，建立流程、推動組織上層與基層意見的收集，將有價值的資訊整合、回饋，最終實現組織與大眾、組織內部各群體的和諧發展。

每一個中層管理者都要十分明白自己所處的位置，自己這個位置的活動範圍有多大，自己在這個活動範圍內要完成哪些任務。比如辦公室主任，他是一個公司協調運轉的中樞，有著承上啟下、承前啟後、承點啟面的作用，既要及時學習領會上司的決策意圖，又要準確及時貫徹；既要重視工作的連貫性，又要有所創新；既要重視辦公室本身建設，又要帶動面上的工作。從而真正發揮好參謀助手作用。

具備良好的心理素養

對於企業來說，如果把總經理看作是上梁，普通員工視為下梁，那麼中層管理人員顯然就是中梁。一座房子的中梁出了問題，那麼這座房子遲早都要倒掉。由此，中層管理人員這條中梁在這座房子裡面的重要性顯而易見。

眾所周知，內因是決定事物前進方向的主要動力，而當好一名中層管理人員的內因則是個人的心理素養，中層管理者只有具備相應的心理素養，才有成功達到自己目標的可能。那麼，這些心理素養具體包括哪些方面呢？

1. 積極的心態

想法決定我們的生活，有什麼樣的想法，就有什麼樣的未來。我們怎樣對待生活，生活就怎樣對待我們；我們怎樣對待別人，別人就怎樣對待我們。

一個中層管理者要想成功，首先要澈底剷除消極心態，因為消極的心態消磨人的意志，摧毀人的信念，讓你失去前進的動力。無論做什麼事，只要想做，就要認為能夠做成，不為失敗找藉口，只為成功尋出路，大膽去想，大膽去試，成功之路就在腳下。

人不能決定生命的長度，可以把握它的寬度；不能左右天氣的陰晴，可以改變自己的心情；不能改變自己的容貌，可以展現自己的笑容；不能控制別人，可以把握自己；不能預知明天，可以利用今天。

中層管理者的態度更重要，因為會影響整個團隊的心態和精神面貌。成功的中層管理者者總是懷有積極的心態、飽滿的熱情，充滿熱忱。他們具有很強的事業心和進取精神，樂觀自信，富有熱情，他們的工作熱情總是超過一般人，而且常常能夠感染和帶動周圍的人。熱忱是火，可以融化堅冰；熱忱是愛心，可以征服和感染顧客；熱忱是一種巨大的力量，沒有人不喜歡充滿熱忱的人，因為熱忱使人更有朝氣、有活力，使人感到溫暖，催人奮進。

2. 飽滿的精神風貌

鬼谷子《本經陰符》的第一篇是盛神法五龍。其中盛神，就是精神飽滿旺盛，熠熠生輝，神采奕奕。在英文裡有一個單字 charisma ，被翻譯為：管理者對部下或大眾的吸引力。其實也是一個做管理者的言語、行動，隨時飄逸著一種令人難以形容的風采，無形中具有一種力量，能使人們甘心情願的跟從他或效忠他。如果一個管理者雖然居於管理者的地位，但不具有 charisma，就很難成為成功或大有作為的中層管理者。

3. 有主見

世界著名指揮家小澤征爾在一次歐洲指揮大賽的決賽中，按照評委會給他的樂譜指揮樂隊演奏的時候，發現有不和諧的地方。起初他以為可能是樂隊演奏錯了，就停下來重新演奏，但是仍然有個地方不和諧。小澤向評委們提出樂譜有問題，在場的作曲家和評委會權威人士都鄭重說明樂譜沒有問題，而是小澤的錯覺，請他找出原因把樂曲演奏好。當時小澤還不是一個世界級的指揮家，只是一個參賽者，但是他稍加考慮，面對一批音樂大師和權威專家大吼一聲：「不，一定是樂譜錯了！」話音剛落，評判台上立刻報以熱烈掌聲。

原來這是評委們故意設計的圈套，以此來檢驗參賽的指揮家們在發現樂譜有錯誤並遭到權威人士「否定」的情況下，能否堅持自己的正確判斷。前兩位參賽者雖然也發現了問題，終因趨同權威而遭淘汰。小澤征爾自信堅定，因而摘取了這次世界音樂指揮家大賽的桂冠。

自信不是主觀武斷，是建立在真才實學的基礎之上的，堅持自己的正確判斷難，在遭到權威、大人物否定後還堅持自己的正確立場，實屬難能可貴。中層管理人員在實戰中會遇到各種複雜局面，在關鍵時刻要做到不唯上、不唯大、不唯官、只唯實，自主意識要強，要有主見。

此外，作為一名中層管理者還必須有包容的心態。要心胸寬廣、胸懷博大，做到小事講公德、大事講原則。無論做什麼事情，都要盡量拋開個人因素，不能只考慮自身的好處，無視團體和他人的利益，必要時還應該犧牲小我，成全大我。為官先為人，做事先做人，如果連人都做不好，領導別人更是無從談起，此所謂正人先正己。那麼，具備了良好的心理素養是不是就能勝任主管職位了呢？顯然這是遠遠不夠的。要做好一名中層管理者，還必須具備以下幾個方面的條件：

1. 勇於正確對待錯誤

優秀的中層管理者即使發生了若干問題或失誤，也不會對錯誤本身百般挑剔。他會主動地把責任承擔起來，想辦法解決已經發生的錯誤，並教育員工要避免再犯同樣的錯誤，這樣的中層管理者才是真正有智慧的中層管理者。

2. 要有較顯著的工作業績

作為中層管理者，在工作中就應該比普通大眾做得更加出色，只有拿出令人信服的業績，大眾才會心服口服。

3. 要有較強的組織協調能力

部門是一個整體，如果一個中層管理者沒有較強的組織協調能力，那麼這個整體就會變成一盤散沙，部門成員之間也就缺乏默契的配合，從而導致工作無法正常展開。因此，中層管理者學會怎樣充分調動各自的長處，達到相互支持、取長補短的效果，也是部門主管必須具備的條件之一。

4. 要善於責罵與自我責罵

每個人都會有自己的優點和不足。中層管理者只有認清了自身的缺點，才能想辦法彌補它，達到揚長避短的目的。中層管理者主動承擔責任並不是說他要把所有問題的原因都攬到自己頭上，縱容員工一錯再錯。不管怎樣，由於員工的某種行為，已經擾亂了正常的業務進展，問題已經發生，查明事實，杜絕再次出現同樣的失誤才是重要的。中層管理者應該明白，員工或相關部門發生失誤的原因，大部分都是因為中層管理者自己的管理方法出了問題。在做自我責罵的同時，也要對他人身上存在的問題提出責罵。責罵別人不是為了取笑別人，而是為了說幫助其改正錯誤，從而不斷提高自身的整體素養。

5. 要具備應對挫折感的心態

任何人都會經歷失敗，特別是對那些心理素養較差的中層管理者來說，他們會因為失敗而有巨大的挫折感，但是也有的中層管理者以失敗為支撐點，將失敗作為再次跳躍的踏板。能否克服失敗，依個人對失敗的看法不同而差異很大。作為一名中層管理者，要在部門裡展開具體工作，將今天的失敗作為他日東山再起的教訓，是今天的中層管理者應該具備的素養。

6. 要善於團結同事，特別是有錯誤的同事和反對過自己的

同事

我們常說，對任何犯了錯誤的員工，只要他能改正，還是個好員工。而對於反對過自己的員工，中層管理者要搞清楚為什麼人家會反對你？人與人之間有矛盾是正常的，一旦出現了矛盾，中層管理者應該要正視它，而不是迴避它，更不是激化它，只有這樣才能從根本上解決它。

7. 要有較強的文字總結能力

中層管理者在做好具體事務性工作的同時，還必須經常對各方面的工作做出總體的總結歸納，得出相關的經驗教訓，以報告的形式表現出來，為以後的工作提供借鑑。

8. 中層管理者必須具備適應形勢需要的一些知識，以便審時度勢

整體而言，作為一名新上任的中層管理者，既然得到了企業總經理的任命，那麼就要在有限的任期裡做出無限的努力，創造無限的成績。要多聽、多看、多學，要多調查、多研究、多思考，要多鼓勵、多表揚、多讚美，還要多向其他部門經理學習，多和其他部門主管交流，相互促進，注重全面發揮自身的能力和主動性創造性。

不斷充實自己

在現代社會激烈的競爭中，組織或企業能否生存和發展下去，越來越依賴於高科技。相關資料顯示，企業界 99% 的財富，集中在 1% 的高科技產業中。其實，毫不誇張的說，是知識創造了一切。

實際上，知識對於一名中層管理者而言，也尤為重要，它是優秀中層管理者最大的資本。知識的占有量，可以表現一名中層管理者的才華和能力，而對知識的渴求和孜孜不倦的學習，可以幫助中層管理者提高自己的競爭力，實現自己的社會價值和社會地位。

某大型企業曾經一度陷入經營上的困境，為此，企業董事會決定從全世界招聘十名知識淵博的職業經理人。

企業的這一舉動震驚了整個業界，各大報紙爭相轉載。對此，公司的一位董事說：「知識也是一種成本，一種可以創造奇蹟的資本，我們做出用百萬年薪招聘的這個決定並不是做一場豪賭，而是正式的投資。我們相信，只要是知識豐富的優秀人才，不管我們付出多少，我們都會獲得雙倍甚至無數倍的回報。」

果然，過了不久，世界上最優秀的經理人才都被吸引至這家企業旗下，他們把自己淵博的知識與豐富的經驗變成企業的利潤，也因此獲得了龐大的個人財富。

可見，最受組織或企業歡迎的中層管理者，永遠是那些善於學習、擁有廣博的知識、掌握新技能、能為公司提高競爭力的人。正如前微軟總裁比爾蓋茲所說：「一個人如果善於學習與思考，他的前途會一片光明；而一個良好的企業團隊，要求每一個組織成員都是那種迫切要求進步、努力學習新知識的人。」

每個人都有自身的缺陷和不足，只有不停的汲取各種知識和經驗，改正缺點，完善自身，才能不斷進步。在現今的社會，競爭空前激烈，如果不思進取，總有一天你就會感慨「廉頗老矣」，只能被別人遠遠的拋在後面。

晉平公是春秋戰國時期一位政績很好的國君，學問也不錯。在他七十歲的時候，他依然還希望多讀點書、多長點知識，因為他總覺得自己所掌握的知識實在是太有限了，跟不上下邊臣子的思考。

然而，七十歲的人再去學習是很困難的，於是他去詢問他的一位賢明的臣子師曠。師曠回答說：「我聽說，人在少年時代好學，就如同獲得了早晨溫暖的陽光一樣，那太陽越照越亮，時間也久長。人在壯年的時候好學，就好比獲得了中午明亮的陽光一樣，雖然中午的太陽已走了一半了，可是它的力量很強、時間也還有許多。人到老年的時候好學，雖然已日暮，沒有了陽光，可是他還可以借助蠟燭，蠟燭的光亮雖然不怎麼明亮，只要獲得了這點燭光，儘管有限，也總比在黑暗中摸索要好多了吧！」

聽後，晉平公恍然大悟，高興的說：「你說得太好了，的確如此！」

可見，一個人不論年少年長，學問越多心裡越踏實，既然站得高，就該看得遠。尤其是對於一名中層管理者而言，不斷的學習和提高自身能力就更顯得尤為重要了。

現代企業競爭激烈，技術更新快，需要高瞻遠矚，更新管理理念。透過有目的的學習不僅能豐富個人的知識結構，而且這種學習的挑戰可以提高中層管理者的心理素養，從而有益於提升主管的整體形象。

學習是提高中層管理者能力的關鍵。最優秀的中層管理者是能不斷成長、發展和學習的人。中層管理者在工作中經常需要扮演多種角色，他既要管理一線的生產營運，也要負責與高層的溝通，既要掌握企業的全面發展情況，也不能錯過任何一個方面的最新動態。如果中層管理者不能掌握來自企業內部基層和高層的最新資料，工作勢必會處於被動地位。而且來自企業外部的資訊如果無法及時獲得的話，也無法正確的做出決策。

而且，作為一名中層管理者，由於處於領導者的位置，如果知識面太狹窄、能力太單一，就很難勝任工作，更何況還要管理下屬。所以，中層管理者必須重視自身素養的提高，經常為自己充電，增加自己的知識，拓展自己的視野，鍛鍊自己各方面的業務能力和管理能力，對於凡是業務所涉及的領域，不論該不該由自己直接負責，都要力爭去了解。知識才華越是全面的人，才越能在競爭中穩操勝券。

但是，在日常工作中，也常常有些人缺乏學習的動力，他們不知道學什麼、練什麼，認為學了半天也是白費工夫，在工作中沒有顯著的作用。實際上，所謂人才就是要在綜合素養的基礎上有專業能力，也就是說要盡量學識淵博，然後再懂專門項目。比如說，對下屬，中層管理者就是管理者，應當懂得一些經營之道和管理之道，為了加強管理，還應該懂得一些心理學和行為學；而對於高層，他又處在下屬的位置，所以還要學習一些與高層溝通的技巧與學問。

我們現在所處的這個時代，已是知識資本化、創新加速化、教育終身化、生產敏捷化、組織網路化的嶄新時代。要想生存得更好一點，只有一條路可走，那就是增加學識，不斷豐富自己的大腦。而吸取知識的有效途徑，就是隨時隨地進行學習，用新知識、新觀念來充實自己的頭腦，要學會怎樣把知識變為能力，用知識豐富想像，不斷推出新的點子、方法或謀略，善於靈活運用所掌握的知識去參與競爭，提高自己的工作效率，從而使自己的人生發展一路暢通。

總之，想要成為一名優秀的中層管理者，你必須看到自身在知識上的欠缺和不足，並積極行動起來迎頭趕上。

用榜樣的力量帶動下屬

現代中層管理者是美的生活的組織者、引導者、感受著和創造者。作為中層管理者，自己首先應該是美的化身。尊敬是贏得的，沒有人能透過、也不應該透過發號施令獲得他人的尊敬。

人們根據中層管理者所做的而不是他所說的，對他作出判斷。因此，中層管理者必須重視以身作則樹立榜樣的力量。在進行日常的工作時，主管要意識到大家正在看著自己，自己樹立的榜樣作用對下屬有很大的影響，當然要比口頭建議、發表講話或其他形式的交流效果要好得多。

但是令人感到遺憾的是，一些管理者在到達了某個級別之後，他們不遵守過去的標準，卻希望他們的下屬能夠遵守這些標準。他們甚至相信，主管的職責是命令別人去做，他們做不做並不重要。最大的錯誤在於，如果連他們對自己做這些事情都沒有堅定的信心，那麼讓別人去做也不會帶來任何成績。

中層管理者是組織中的一員，又不是一般的成員。手中握有對整個組織實施管理的權力，肩上擔負著保證組織生存與發展的責任。這就決定中層管理者的品德和才能要高於一般的組織成員，其行為的水準要高於大眾，而不能混同於大眾。「主管」一詞含有走在前面的意思，就是率領大眾向著既定目標前進，這就要求管理者要在行為上做組織成員的榜樣。

在一個組織中，人們往往模仿中層管理者的工作習慣和修養。由於中層管理者的職責大於一般人，其引人注目的程度就遠非一般人可比。大眾的目光總是時時刻刻在中層管理者身上掃來掃去，他們的一言一行都會受到大眾的審視和仿效。中層管理者的行為有利於組織，大眾會仿效；中層管理者的行為有損於組織，大眾也會仿效。這種普遍存在的「仿效」效應，決定了中層管理者必須牢固樹立榜樣意識，嚴於自律，在行動上為大眾做出好的表率。

通常，在與主管相處一段時間以後，下屬容易變成和他們上司一模一樣的人，因為人們的確會從他們的上司那裡尋求指導。這種效仿，不管是有意識的，還是下意識的，滲透在他們工作的各方面。所以，你希望什麼樣的人為你工作？不管是行為上的還是交流層面的，你希望獲得什麼樣的結果？一切從自己開始！

最有效的領導方法是身體力行，而不是發號施令。

孫策是三國時代才做出眾的軍事家和政治家。吳國的基業，多半是由他創下的。他的父親孫堅，實際上從屬於南方的袁術勢力，生前雖有建樹，卻因受袁術操縱，跨江擊劉表而身死。孫堅死時，孫氏基業幾乎減縮到零。年僅十七歲的孫策在袁術手下做了段時間，就渡江而去，逐個擊敗江東的大小割據勢力，創立了一個強有力的孫氏政權。可惜的是，這顆耀眼的明星升起時間不長就隕落了。縱觀孫策短暫的一生，是銳意進取、開拓創業的一生。

在孫策身上諸多的優秀品格中，有一點十分突出，就是身先士卒。從第五十回的〈太史慈酣鬥小霸王，孫伯符大戰嚴白虎〉就可見一斑。作為江東的霸主，三軍的統帥，按常理孫策的主要任務應當是指揮作戰，而不應親自衝鋒陷陣，但是孫策認為，如果自己「不親冒矢石，恐將士不用命耳」，所以他常常親自出馬，與敵方的戰將拚殺。憑著高強的武藝和超人的膽氣，他與劉繇手下猛將太史慈殺得不亦樂乎，其情形與典韋戰許褚，張飛戰馬超頗為類似，只是典韋、許褚、張飛、馬超都是勇悍的戰將，孫策則是一個軍事集團的首腦。在另一次奮鬥中，劉繇部將于糜與孫策交戰不到三個回合，被孫策生擒，挾在掖下回陣，劉繇另一部將樊能挺槍來趕，孫策回頭大喝一聲，聲如巨雷，樊能驚駭，栽下馬破頭而死。孫策回到門旗下，于糜已被挾死。孫策挾死一將，喝死一將，自此人稱「小霸王」。

在成功的道路上，人們遲早會遇到指責和責罵，如果你想成為一名出色的中層管理者，你應該去迎接暴風雨的襲擊，接受責罵和指責。

很多時候，人們常用自己的親身經歷作例證，以此說服別人。這種說理方法具有現實性強、可信度高的特點，只要運用得當，很容易達到說服別人的目的。中層管理者只有身先士卒、做出榜樣，才有號召力，才有資格率領下屬前進。

戰國時期，齊國的相國鄒忌，常常思考著如何說服齊王聽取他關於治國的策略，以使齊國強盛起來。

有一天，鄒忌早上起來照鏡子，在鏡子中看到自己修長的身材、俊美的容貌、整齊的衣冠，頗有一些洋洋自得。

他邊照鏡子邊問妻子：「妳說我與城北的徐公誰美呀？」

妻子不假思索的回答：「當然是你美了，徐公哪裡比得上你呀？」

鄒忌有一點不相信，因為徐公是齊國遠近聞名的美男子，於是便又問他的妾，妾回答說：「徐公怎麼能比得上您呢？」

這一天有客人來拜訪他，鄒忌於是又問客人，客人說：「徐公沒有您美。」這更使鄒忌飄飄然起來。

第二天徐公來拜訪鄒忌，鄒忌仔細看了看徐公，又照著鏡子反覆的對比，怎麼看都是徐公比自己美。這引起了他的深思：明明是徐公長得比自己美，可是妻、妾與客人卻都說自己比徐公美，這是什麼原因呢？他終於想出了答案：妻子說他美，是因為偏愛他；妾說他美，是因為害怕他；客人說他美，是因為有求於他。

鄒忌上朝去見齊威王，對他講完了這段親身經歷的事情後，說：「現在齊國方圓千里，有一百二十座城，嬪妃左右，莫不私王；朝廷上的眾臣，莫不畏王；國境之內，莫不有求於王。由此看來，您受的蒙蔽實在是太深了。」

齊王聽完鄒忌的話，於是就下令全國：「群臣、官吏、百姓有當面揭發我的過錯的，受上賞；上書揭發我的過錯的，受中賞；能在大庭廣眾之中揭發我的過錯的，只要被我聽到了，受下賞。」

這道求諫令剛下，群臣紛紛進諫，門庭若市；幾個月之後，偶爾還有來提意見的；一年後，即使想提意見的人也沒的可說了。齊國也因此而很快強大起來，燕、趙、魏各國都來齊國朝拜。

鄒忌為了勸服齊威王接受進諫，就透過現身說法，由淺入深的向齊王闡明道理，說服了齊王納諫。

現代企業中，中層管理者為了突破困境，要求下屬同心協力度過難關，但是身居要職的中層管理者卻依然浪費無度，公物私用。有些中層管理者雖然會對這種過於浪費的行為感到不好意思而有所節制，然而卻沒有太大的改變，依然濫用私權來滿足個人的私欲，隱瞞實情和不公平的事到處充斥著。

大眾期待的管理者，是在非常時期能夠表現得與眾不同，且能夠斷然的做出決定，迅速敏捷的採取行動。只有這樣的中層管理者，才能強有力的支配部下。行動比諾言更響亮，上司只有和下屬一起用行動來實現自己的號召時，才具有最大的說服力和影響力。

企業中的中層管理者也是如此。在競爭越來越激烈的今天，企業隨時隨地都會面臨各種困難，如果企業不加緊腳步，很難在這困境中取得一席之地。當面臨困境時，中層管理者能夠率先面對難關，堅定沉著的精神就會傳達給下屬，讓大家都能夠勇敢的面對挑戰。

中層管理者既然要求下屬做的，自己就應率先做到，這樣才能取得主動權，才能得到下屬的信任，下屬們才會自覺的跟著中層管理者走。可見中層管理者的行動比嘴巴更能調動大眾的積極性，所以身教重於言教。言行不一，這是身為中層管理者的大忌。除了工作上要帶頭之外，中層管理者的表率作用也應表現在日常生活中的小事上。中層管理者不能忽視生活小節、不能因自己是管理者而忽視紀律，這樣才能表現一個中層管理者對自己的嚴格要求。

懂得培養、推薦人才

《韓詩外傳》中記載了這樣一個故事：

孔子的弟子子貢有一次就人才問題，請教孔子：「歷史上哪些人稱得上名臣？」孔子以十分肯定的語氣回答：「齊有鮑叔，鄭有子皮。」齊國有鮑叔牙，鄭國有子皮。子貢大惑不解，當即表示反對。在子貢看來，管仲、子產要比鮑叔牙、子皮功勞大得多。孔子解釋說：「我聽說管仲是鮑叔牙推薦的，子產是子皮推薦的，沒有聽說管仲、子產推薦了什麼人呀。」

原來，孔子把是否推薦了賢才、培養了新一代優秀的接班人，作為評價政績的標準。在孔子看來，推薦和選拔一位優秀的接班人，比什麼都不易。選賢薦能十分複雜，面對有血、有肉、有想法的人，更何況「人無完人」，在許多人身上，往往是缺點與優點並存，選得準談何容易。正因為被推薦出來的人才並不是完人，當他們剛剛踏上高位時，更需要老一代的熱情扶持和幫助。這種薦賢、引賢，甘做人梯的品格才令人起敬！因此孔子才說，推薦賢者的人才是真正的賢者。

對一個生產企業來說，生產工廠是企業的主戰場，工廠的管理涉及到產品的品質、數量和交貨期，因此工廠管理的重要性毋庸質疑。工廠管理的主要內容都要透過前線團隊來落實和執行，為了管理好團隊，很多中層管理者意識到了隊長的重要作用，也很重視隊長的培訓和培養。但是大前提 —— 選什麼樣的人當隊長卻一直被中層管理者忽略。目前，絕大多數企業隊長的任命都是由中層管理者指派的，這樣做既不科學也不嚴肅。用什麼標準、透過什麼程序選拔出能與企業共同成長的隊長，是中層管理者實行團隊管理與團隊組織中非常重要的環節。

作為生產企業的一名中層管理者，在企業中有著承上啟下的作用，都有著獨當一面的工作要做，都有一部分人員要管。對下級來說，中層管理者是下屬業務技能的輔導者，是員工心態的建設者，是員工行為的指導者。

做好中層，要打造一支優秀的團隊。團隊是心理上相互認知，行為上相互支持、相互影響，利益上相互聯繫、相互依存，目標上有共同工作嚮往的人們結合在一起的人群集合體。可見有共同價值觀共同文化認同的團隊精神是多麼的重要，而中層的個性很大程度決定該團隊的文化。在這個氛圍中，中層不僅要因人施管激發每個人的潛力，更要保持團隊和諧，要依靠團體，不要單獨行動，一個人的精力是有限的。其中對員工的培養應該說是工作的第一要務。

普通員工一旦當上了隊長，就意味著他從此跨入了企業管理者的行列，對其個人的發展有著不可估量的意義，同時對其他員工也產生了很大的影響。選什麼樣的人當隊長，意味著在企業裡樹立了一個什麼樣的標竿，宣導一種什麼樣的風氣，宣導大家學做什麼樣的人。

隊長是企業生產的直接組織者和參加者，不僅是生產能人、業務能手、員工榜樣，更是基層管理者、現場指揮官，整個團隊內員工工作的協調、生產調配和管理效果都要由隊長來決定。隊長既是員工與主管之間的橋梁，在工作中有著承上啟下的作用；又是團隊中員工與員工之間的紐帶，在團隊經營中的核心作用。

過去我們常說隊長是兵頭將尾，在職位的排列上，隊長是職位最低的管理人員，這只是表面的現象，其本質的含義是，隊長帶有「亦官亦民」的雙重色彩，他既要在員工中扮演工作榜樣的角色，也要在管理團隊中扮演最低級別領導者的角色，要對團隊全體成員的工作業績負責。

現在不少企業已經從團隊管理上升到了團隊組織這一更高的企業經營層面來解決一線管理的問題，這是一個很大的進步。這裡有個更重要的承上啟下的環節，即如何「帶好」。「帶好」始於「選好」，我們之所以重視選拔隊長這個環節，就是要透過選拔隊長激勵所有的員工，讓隊長在承擔管理責任的同時感受成就感、光榮感和使命感。

有人戲稱隊長是「最低領導人」，中層管理者千萬別小看這個「最低領導人」，他們的作用非同一般，因為隊長管理水準的高低，直接影響著中層管理者工作效果的好壞，決定著整個團隊的工作績效。決策再好，如果執行不得力，決策就很難落到實處。所以，中層管理者對隊長的管理效果直接影響著企業目標的最終實現。

既然是「最低領導人」，中層管理者就要將隊長的任職資格和條件讓每一個員工都知道，廣泛聽取廣大員工的意見。中層管理者可以將隊長的選擇過程弄成公開競爭、公平競爭的「友誼賽」，鼓勵員工積極報名，發表自己的「施政演說」，讓廣大員工民主選舉，再由中層管理者認真篩選，正式任命。透過這個過程，在全體員工當中營造一個「人人想當隊長、人人爭當隊長」的氛圍，激起大家積極性、讓員工相互學習的效果。只有這樣，中層管理者才能夠充分尊重民意，選出既符合企業長遠發展，又讓大家滿意的隊長。

作為一個中層管理者，如果事必躬親，那麼即使有再大的才能，也無法包攬所有的工作，應充分了解團隊每位成員的優勢與劣勢，充分發揮各自所長，適當的向下屬授權，量才而用，不僅減輕了自己的負擔，從瑣碎事務中解脫出來，集中精力謀全方位、求發展，同時也能增強組織凝聚力和奮鬥力，帶隊共同進步，建立一支高績效的團隊。

在中層管理者當中，有些人不注重培養、選拔年輕人，擔心別人上來後會對自己構成威脅，導致一批年輕員工工作沒生氣，心裡有怨言。這種中層管理者只讓自己表現，卻看不見滿園春色，屬於「一枝獨秀型」；還有的中層管理者沒有培養意識，自己只做手頭的工作，員工長處得不到發揮，或者發現了人才的長處，不鼓勵、不嘉獎，任其發展，這樣久了，人才得不到發現，整體工作沒有起色，這屬於「放任自流型」；有的中層管理者用老眼光選人，只在乎資歷、照顧感情。有的中層管理者選拔人才在自己的小圈子裡找，只用關係人，還有的中層管理者以個人喜好為尺規，不看能力和大眾基礎，對自己不喜歡的人，再有能耐，也不重用等等，這都屬於「好壞不分型」。

以上這幾種類型的中層管理者，在培養人才上都不是合格的做法。造成這種局面的原因有：

1. 缺乏豁達大度的心胸

尺有所短，寸有所長。可以說每個下屬肯定有比中層強的地方，這不是壞事，而是好事，如果他的強項對工作有利，那就是喜事。作為他的直接上司，就應該放寬心胸，將他的長處發揮到極致，這於人於己於工作都是有利的。但是如果缺乏大氣豁達的心胸，就會害人害己害工作。在這方面要認清一個道理，只有下屬成長了，自己才會有更大的空間。

2. 缺乏長遠的眼光

只有後繼有人，企業才會興旺發達，長盛不衰。任何人都不能改變企業前進的步伐，面對現實要做的是把最合適的人放在最合適的位置上。手下有好的人才，培養不出來，推薦不上去，不僅是人才個人的悲哀，實際上也是企業的悲哀。

3. 當好管理者首先當好被管理者

只有學會當好一個被管理者，才能當好一個管理者，每個人都必須學會承擔責任和服從管理的制度。中層都管理著團隊，首先要以身作則，給團隊中每個人榜樣的力量，身為一名中層，上有公司高管，下有要管理的人員，必須要擺正自己的位置，要有較強的執行力，認真把上司交代的工作做好，有條件要執行，沒有條件創造條件也要執行，如果自己的工作都一塌糊塗，怎麼能有較好的說服力和奮鬥力呢？又怎能管理好其他人？

特雷默定律說：企業裡沒有無用的人才，只有不會用人的人才。企業生存最大的課題就是培養人才。看一個中層管理者水準高低，就看你輸送了多少人才，中層管理者接觸基層比較多，擔負著發現人才和培養人才的重要責任。如果你的部門成就了一大批管理者，那麼也說明你這個部門有著團結、敬業、打拚、奉獻的好環境。一流的中層管理者是如何發揮自己的能力，做別人不願做的事情，承擔得越多，獲得的信任越大。

學會柔性管理

隨著社會生產力的進步，特別是知識經濟的到來，以剛性管理為基本內容的科學管理方法過分利用約束、監督、強制、懲罰等手段進行管理，已不適應時代發展的要求。在企業所面臨的外部環境充滿易變性和複雜性，企業要在複雜的國內外環境中始終保持旺盛的發展勢頭，就需要迅速適應自身面臨的不斷變化的環境。在當今的知識經濟時代，企業實行柔性管理已成為企業發展的趨勢，實行柔性管理的企業具有較強的競爭力，它能夠促進企業的發展。由於柔性管理不是採取強制性管理，而是根據不斷變化的情況採取的一種非強制性管理，因此它可以使企業根據自身面臨環境的不斷變化而迅速作出調整，使企業能夠盡快的適應環境，保證企業的健康發展。

根據一項企業研究顯示，一個成功的領導者，80% 的因素來自情感方面，只有 20% 的因素來自智力方面的影響。主管建立威信離不開情感的力量。你為員工付出多少，員工就會為你的部門付出多少。中層管理者當中有很多人意識不到柔性管理的作用，或者雖然意識到了還做不好。表現在實際上，有下列幾種情況：

1. 置之不理型

有些中層管理者會用人，不能調動員工的工作積極性，不是到一線與員工一起解決生產、技術、工藝上的難題，而是習慣於在辦公室裡坐鎮指揮;對員工的生活狀況不過問、不關心，對他們的個人情緒不理喻、不疏導，致使一些員工一旦遇著不順心的事，日積月累的不滿就會迸發出來，很容易就此離職。

2. 處罰為先型

有些中層管理者錯誤的認為，企業管理就是罰錢，教育就是責罵。在這些中層管理者眼中無制度，心裡沒顧忌，缺乏柔性管理，親情管理，導致員工有冤無處訴，壓力得不到釋放，嚴重挫傷了員工的積極性，常常使員工帶著情緒工作。

3. 鞭打快馬型

有些中層管理者誰做得好做得快，就給誰多一點工作，做成了不表揚、不鼓勵，「只叫馬兒跑得好，不給馬兒多吃草」。時間長了造成這部分優秀員工心理不平衡，產生怨氣。對做得差的員工不責罵、不教育，更加劇了這種不公現象的發生。

透過以上的表現，我們可以給一些中層管理者下這樣的結論：不懂得柔性管理的中層管理者絕不是一名合格的管理人員。

著名企業家李．艾科卡說：「經營管理實際上就是調動人的積極性。」無法調動積極性，缺乏工作熱情和創造力，員工會失去工作的信心。認為員工只為薪水而工作是錯誤的，據調查，只為薪水和福利而傷神的員工僅占百分之三十幾。管理幹部應該提供員工公平合理的工作機會，並給予適當物質獎勵和精神獎勵，把員工當成一種資源去開發、去利用。

企業文化是企業在長期歷史發展過程中累積而成的，它作為柔性管理的終極目標之一，是維繫企業生存和發展重要紐帶。所以，中層管理者應不失時機的、有意識的去引導良好的企業文化的形成，以良好的精神來鼓勵下屬。透過確定企業長遠目標，使員工圍繞目標展開工作；關心和體貼下屬，使員工團結一致，產生向心力，使企業內形成民主的氣氛；中層管理者以身作則，在組織中樹立榜樣，以榜樣的力量感召員工。透過柔性管理，使員工形成腳踏實地的求實精神、銳意改革的探索精神、親密無間的合作精神，以及力爭進步和發展的進取精神。以這些精神來鼓勵和影響員工，可以達到事半功倍的效果。

獎勵的前提是溝通，溝通的前提是尊重，而學會聆聽是尊重的開始。中層管理者可能常常和員工個別談話，或員工向你匯報問題、溝通想法，好的溝通側重於聆聽技巧，員工在意的不是中層管理者聽到了多少，而是你聽進了多少。如果中層管理者沒有真心聆聽員工所說的話，員工會覺得你根本不在乎他們，他們也會變得不在乎中層管理者所說的話。如此一來，便形成了溝通上的惡性循環。

獎勵是中層管理者對某項成績的獎勵以及認同員工的貢獻，柔性管理的獎勵機制是透過實現員工自身價值來促進企業的發展，把企業的生死存亡與員工緊密聯繫起來，使他們最大限度的發揮自己的積極性。同時，中層管理者也應當為員工提供寬鬆的工作環境和工作自由度。中層管理者重視員工的精神生活，為員工提供一個寬鬆的工作環境，使員工找到一種家的感覺，可以極大的提高員工的積極性，由此產生的效果便不言而喻了。但是，適當的責罵和懲罰犯錯員工也是很必要的，因為員工所犯的錯誤會把企業搞得天翻地覆。只有合適的責罵和懲罰犯錯員工，努力化解衝突，才能在員工之間形成良好的氣氛，提高企業的整體力量，促進企業的發展。

張小姐是一個學校的中層管理人員，在教育職位上已奮鬥了二十一個年頭了。長期以來，她在以人為本的管理理念指導下，實施柔性管理，為教師發展搭建寬廣的舞台。她以情感化、彈性化的管理凝聚著教職員的真心，激發了廣大教職員工作的積極性、主動性、創造性，她所在的學校形成了積極進取、團結和諧的團隊，取得了較顯著效果，得到了學生、家長、老師的衷心愛戴，成為大家的貼心人、親姐妹。

她強調管理的人性化、制度化，層次化。重新修訂了學校各項規章制度，加強教職員對行為規範、規章制度的認知、理解與內化，加強對教職員的啟發、引導和支持。發揮情感管理重要作用，多溝通，勤交流，傾聽老師心聲，以欣賞、信任來激勵老師成長；透過「教師才藝展示活動」、「教職員聘任演講活動」等多種形式給每個老師表現的空間；請老師對學校的建設出謀劃策，集思廣益，設立金點子獎，制定評價金點子獎的標準，並在每年的教師節進行表彰獎勵。在她的眼裡，每位老師「人人有潛力，各個能成功」。

在分層管理過程中，她採取不同形式培訓與指導，滿足每個層次老師的個性需求。比如發揮本校優秀老師（即研究型老師）的作用，安排研究型老師展開講座、觀摩、研討的活動，發展型老師間的研討與觀摩等形式。還特別注重將老師的分層與常規工作結合起來，比如指導發展型老師如何備課，評課時也採用鼓勵、肯定的態度。

她實施的老師分層管理，使老師之間產生互動，促使老師從觀念上轉變行為，以及教育水準的不斷提高。學習型老師們反映這種形式的培訓解決了當前的問題，滿足了實際工作的需求。尤其是像本校優秀老師學習，很容易與教育實踐相結合，所以學起來覺得親切，用起來覺得方便。而研究型老師透過每次舉辦活動前和教務主任進行備課，制定實施計畫，得到教務主任的幫助和指導，從而也提高了自己的理論聯繫實際的水準。

注重情感獎勵既不是以物質利益為誘導，也不是以精神理想為刺激，而是以感情聯絡為手段。上下級之間的人際關係，一個主動的招呼、一句親切的寒暄、一句玩笑話，都會使人感到是對自己親近。感人心者莫過於情，說的就是這個道理。在這方面，日本企業的做法最引人注意。

在企業管理中，剛性管理是柔性管理行之有效的先決條件，而柔性管理則能實現剛性管理所無法實現的功能，兩者的有效結合，可以產生很好的互補作用。現代企業只有在管理當中堅持以「以人為本」的柔性管理和「以規章制度」的剛性管理互為補充，剛柔並濟，才能更加有效的促進企業的和諧健康發展。在《日本工業的祕密》中，作者總結日本企業高經濟效益的原因時指出，日本的企業就像一個大家庭、一個娛樂場所。日本的企業管理制度非常嚴格，但是日本企業家懂得剛柔相濟的道理，在嚴格執行管理制度的同時，中層管理者最大限度的尊重員工，善待員工、關心體貼員工，比如記住員工的生日、關心他們的婚喪嫁娶，促使他們成長和人格完善等。最後企業和員工不僅是利益共同體，還是情感共同體。正是透過這種方式，日本公司的員工都保持了對企業的高度忠誠。

綜上所述，一個企業能夠在激烈的市場競爭中立於不敗之地，靠的就是中層管理者實行了柔性管理，這是保證企業和諧的重要途徑，它可以提高企業的競爭力，促進企業的發展。

做一個有效的溝通者

中層管理者既要注重第一印象的作用，同時也要對被中層管理者進行深入的了解，因為中層管理者必須透過他人才能完成事情，切不可因第一印象不佳而對其人表現出任何形式的不禮貌，否則將影響你今後與他的關係。要記住，你是一個中層管理者，與下屬的關係至關重要，切不可憑第一印象對下屬的去留或工作安排做出輕率的決定。如果那樣的話，你很可能會放過一個有才華的人，更糟糕的是，你也許會把一個庸才安排在舉足輕重的位置上。因此，中層管理者必須有能力來啟發、鼓舞和帶領、指導，並且聆聽他人。唯獨透過溝通，中層管理者才能使人們將他的目標內化，並付諸實行。

你覺得自己的溝通能力如何？溝通是你經常性的要務嗎？你能夠為啟發人、鼓舞人採取行動嗎？當你傳遞心中的想法時，你的聽眾能夠聽懂、接受，並且實行嗎？當你一對一與人談話，或是對大眾說話時，你能夠立刻激起共鳴嗎？如果你心中深切知道自己的目標是正確的，然而人們卻不能認同，那麼障礙或許就在於你缺少有效的溝通能力。

在東漢末年，有一次諸葛亮向龐統推薦劉備作為輔佐的對象。龐統手持諸葛亮寫的推薦書來到劉營，直接去見劉備，仿效古人毛遂自薦之法，而未出示諸葛亮所寫的推薦書。看來龐統是要考察一下劉備的為人，用我們的話來說，就是要獲得初步的人際知覺。可是劉備見龐統自傲無禮、形貌醜陋古怪，心中不悅，但為了實現自己招賢的諾言，還是讓龐統當一個小小的縣官，可見劉備對龐統的「知覺」是不佳的。龐統不滿意劉備對自己的輕視，畢竟有事先得到的關於劉備愛才的說法，所以未曾辭去，他要做進一步的觀察。諸葛亮歸來，見劉備如此處置，大為吃驚，言明龐統就是人稱「王輔之才」的「鳳雛」先生。劉備急忙去請，委龐統以重任，方才握手言歡。從此三人相處很好，龐統終生輔佐劉備，立下汗馬功勞。

俗話說的好：「酒逢知己千杯少，話不投機半句多。」說話不當，不但會妨害溝通的成效，而且還會帶來很多麻煩。尤其作為主管，更需要善用溝通技巧。

有效的溝通者都知道把注意力放在溝通的對象上。他們深知，若不先了解聽眾，絕不可能有效的達成溝通。當你在與人溝通時，無論是對一個人或一萬個人，都先問問自己：「我的聽眾是什麼樣的人？他們可能有哪些疑問？我想達成什麼目標？我有多少時間？」如果想成為更理想的溝通者，你必須是聽眾導向型的人才行。人們之所以對傑出的溝通者很感興趣，是因為傑出的溝通者首先對聽眾產生興趣。

松下幸之助認為，高明的人在於懂得欣賞別人的所作所為，而不是去挑剔他。對下屬的業績，最少也應以四分懷疑、六分認可的態度去觀察評價，這才是懂得欣賞下屬的好上司。每個人都有優點和缺點。固然不會有十全十美的人，更主要的是，也不會有一無是處的人。所以，作為中層管理者觀察自己的下屬時，會發現形形色色的各式人物，而且他們有著形形色色的優點和缺點：我們只有提高自身的溝通水準，才能在社交場所做到左右逢源，應付自如。

當你與他人溝通時，千萬別忘了溝通的目的乃是為了促成行動。如果你只是把大量的資訊拋出去，那並不是溝通；真正有效的溝通是要讓他有所感動、有所牢記，並且有所行動。如果能夠做到這點，你的領導能力就會逐步邁向新的台階。

對於中層管理者來說，有效的與下屬進行溝通是非常重要的工作。任用獎勵授權等多項重要工作的順利展開，無不有賴於上下溝通順暢。

一個公司經理向一個員工表示不滿：「在半年前，我就宣布我們公司要進入鞋類產品市場。你難道不明白，試控零售商對我們新產品的接受程度有多重要？你不下工夫，我們怎麼能完成這一工作？」

員工回答道：「我確實沒有在新的鞋產品上下工夫，因為它並不是我們公司的主要產品。我把精力集中在內衣和睡衣產品上，確實不知道公司準備大規模進軍鞋類市場。其實，經理你可能早就知道鞋類產品是一條重要產品線的組成部分，可是從來沒有人對我講過。要是知道公司將全力進軍製鞋業，我自然會採取完全不同的方式。但是你不能說一句『下點工夫』就指望我能明白你的意思，你應該把公司的整體規劃告訴我。」

現在，如果公司員工不了解公司的實際情況，將會給公司帶來多麼大的影響；而有了這些資訊，員工們就會做出決策，以使公司內部摩擦降到最低程度。比如，要是上面那個案例中的員工，知道自己每個月的銷售預測都將成為決定各條產品線量的直接依據的話，他會更加謹慎，以便準確及時的作出預測。如果由於認為某個產品沒有銷路，從而削減了該產品的產量，事後卻因開工不足，未能向顧客及時供貨，而當那個員工認知到自己糟糕的預測與怒氣衝衝的顧客的電話之間的聯絡時，他會更加謹慎。要是對這些因果關聯以及相關的資訊一無所知，他會認為自己真正的工作是到顧客那裡去推銷產品，而預測工作只不過是「紙上談兵」而已。

在向員工傳達資訊時，要保證它的完整性。一般來說，應該向員工給出盡可能多的資訊。經理應該向員工提供與他們相關的各個經營領域的全面資訊，這對公司是最有好處的。特別是在員工自主權力不斷發展的今天，如果經理希望自己的員工能夠獨立的做出決策，那麼讓他們得到盡可能多的資訊就顯得非常關鍵了。

在一個崇尚公開的部門，資訊透過各種管道自由流通，不管是董事、經理，還是工作人員，所有人都對部門內所發生的事情瞭若指掌，關於公司的運作情況，包括財務狀況，所有人都能隨時了解到。這樣做的結果是，所有人都會做出真誠的反應，得到真誠的回報，並勇於對公司的事務說出自己的真實看法。敞開大門的做法並非偶然之舉，管理者必須是一位真誠、平易近人者，其信念和舉止能給人一種信任感，一種承諾，而這種信任感與承諾是建立公開氛圍的基礎。

美國玫琳凱化妝公司的創辦人玫琳·凱女士，在面對手下員工的時候，她經常設身處地的站在員工角度考慮問題，總是先如此自問：「如果我是對方，我希望得到什麼樣的態度和待遇。」經過這樣考慮的行事結果，往往再棘手的問題都能很快的迎刃而解。

正如《聖經》所言：「你願意他人如何待你，你就應該如何待人。」事實證明，這條不論過去、現在或將來都適用的人生準則，對於必須與員工相處的企業管理者來說，不僅是一條再完善不過的管理行為準則，也是管理上最適用的一把溝通「鑰匙」。說簡單一點，就是換位思考、「對等溝通」。

做合格的中層

身為一個企業的特定階層，中層管理者在企業日常營運過程中有著承上啟下的作用，假如說總經理是企業的根，基層員工就是樹葉。中層是什麼呢？中層就是樹幹，用來傳輸養分和支撐的作用。它的好壞影響到企業的形象和生命。中層是樹幹，這不應該成為一句空話，而應該真正的落實。

每個企業有各式各樣的中層，但是真正合格的中層，真的不多。在企業中，大部分的中層是因為基層業務做得好而被提到中層當管理，但是擔任主管工作以後，沒有完成角色的轉變，仍然以業務為主，絲毫沒有意識到自己的治理職能。

那麼，一個合格的中層管理者要具備哪些方面的能力呢？

第一，資訊力，包括資訊的收集能力、甄別分析能力及資訊的運用能力。收集資訊不是你一個人的事，要有一個團隊在後面支撐，而且時刻要保持管道的暢通。這就牽涉到你的管理能力、組織能力、團隊經營能力及外交能力。這裡要重點強調的是：你平時不光要注重內部管道的資訊收集，更應該著重於你的外部（社會資源）資訊的收集，也就是你要建立你的社會資源網路了——它能大大提高你的資訊收集能力，提高你的競爭優勢。

透過各種管道匯總到你面前的資訊，不是所有的都是真的，也不是所有的都是有用的，你要善於在紛繁複雜的資訊中找到對你、對公司有用的東西來。甄別分析的步驟：歸類、篩選、求證、判斷。在得出了正確、有用的資訊後，能夠用好才是高手風範。這就好比足球賽，運動員好不容易把足球從後場帶到前場，在臨門一腳的時候卻偏了——再好的過程沒有得到需要的結果也是徒勞。資訊運用的原則：適時適地、快速準確。

我們在當普通員工時較少提到（或沒要求到）資訊力的技能，這是因為我們從事的工作比較簡單，大多是做「事」；到中層職位以後，我們漸漸的更多的在做「市」，對資訊力的認知有跳級性的獲取，也有意無意的在這方面得到了提升；如果要進入高層，資訊力會越顯重要，因為那時我們的工作是做「勢」了。

第二，思考力。中層管理者要到達成功的彼岸，必須要有條最佳路徑，這條路徑就是你的思考。是高速公路好呢，還是羊腸小徑好呢？無所謂，最快最安全的最好！首先要確定中層管理者的思考能力是健康的，其次是我們的思考方式方法是正確的，最後要明白中層管理者的思考是全面的。要做到這三個方面，除了靠正確的觀念引導外，更重要的是對事物的深層理解。

常聽中層管理者說道：「我怎麼沒想到。」是呀，為什麼你就沒想到呢？拋開先天的缺陷，主要原因還是你看問題習慣停留於表象、缺乏深究，日久就形成了你的思考能力的欠缺。有句話叫「世事練達皆文章」，講的是反覆對事物的內象剖析，形成敏銳的洞察力，養成正確的思考方式，就會比別人更容易道出事物的本質。思考的全面性，是指思考的品質。人的左腦是理性的，右腦是感性的。理性的是管理，感性的是藝術。中層管理者要邁得更遠，理性的管理肯定要強，慢慢的更要提高你的感性領導藝術 —— 要學會左右腦思考。

當然，想提高中層管理者的思考能力、思考品質，就要不懈的鍛鍊。前期要學會少說多聽多總結，養成凡事「三思」的習慣。輕易的得出結論，是對自己的不負責，也是不求上進的一種表現。

第三，心智力。心智力指的是相對健全的人格魅力。到了中層了，要有自己的一套做人、做事原則。事有可為有不可為，可為的要做好，而且要打下自己深深的烙印；不可為的堅絕不做，再大的誘惑也不做。在中層管理者的位子上，接觸外界多，受到的引誘不少。是進是退，全在於自己的定力：是要眼前還是要長遠，是要局部還是要整體等，這個定力就是自己的人格素養。要成為一個合格的中層管理者，人格上不要有遺憾，否則就是開花也是曇花一現。

第四是溝通力。有很多的中層管理者勤奮、肯做、能做、會管理，就是上不去，問題出在哪？就是溝通力不夠。在你進現在公司之前，做過幾家公司。在前面的幾家公司，你的人品潔白無暇，業績高居榜首，可就是沒得到提升。不為別的，在上司的心目中，你是個固執的人，是個不善溝通的人 —— 成功了是你的運氣，失敗了是必然。

我們經常聽到這樣話：「在這個公司很辛苦，過年過節還要加班，待遇也不是很高，但我還是很開心。」為什麼？我敢肯定這家公司一定有個好主管。他了解公司、了解員工，善於讓員工在他面前解除武裝、袒露心跡，善於因材施教、因地制宜。人的理解需要是最基本的一種需求，如果作為一個管理階層你都不能與人溝通，還怎麼去理解人、怎麼去用好人呢？

管理者顯示的是冷靜、是 IQ，中層管理者顯示的是熱情、是 EQ。當今時代，EQ 的重要性已經超過 IQ 了。看看我們身邊的成功者，他們很少是那種智商極高、聰明絕頂的人，更多的是善於與人相處、和藹可親、熱情洋溢的人。

說到溝通，有兩點要注意：一是要當個好聽眾，一是要善於妥協。

當個好聽眾要懂得運用好人的表現欲：克服自己的，激勵別人的。人只有在表現自己時，他才是開放的，才是盔甲最少的，也是我們對他能有最深刻了解的時候；溝通中的妥協不是那麼容易，我們要明白：

一、溝通是雙向的，不存在誰一定要說服誰的問題，了解對方的真實想法才是最重要的。

二、遇到一時難以相處的人，不妨暫時妥協，予以迂迴。

這就是「留得青山在，不怕沒柴燒」的道理。特別是中層管理者，我們的威望、資歷還稱不上決策者，在與上級、客戶打交道時，更要練就這個本領。我遇到很多能力強的同事、朋友，正是在溝通中不善於妥協，黯然出局，非常可惜。妥協是戰術，是以退為進，是為了合作，不是懦弱！

第五是執行力。很多的企業都面臨著執行不到位的問題。好的產品要好的企劃，好的企劃要好的執行，好的執行要好的團隊，好的團隊要好的中層管理者。執行力的強弱，是衡量一個團隊奮鬥力強弱的重要依據，也是中層管理者勝出的一個要素。個人執行力是團隊執行力的基礎，而基礎的關鍵是中層管理者的執行力。中層管理者作為地方區域的決策者、管理者，有著承上啟下的重要作用。當總部、上級他們的決策、行銷推廣方案下來了，都希望得到百分之百的執行，如果你和你的團隊在執行的過程中經常打折，他們會怎樣想？還會提拔重用你嗎？怕更多的是懷疑你的能力，把你換掉。當然，執行力也需要一定的靈活性，我們主張的不折不扣的執行，並不是死板的照搬照抄。

此外，要想做一個合格的中層管理者，你還得運用好你的資源。中層管理者自身的資源指的是你的知識力、行動力、心智力的累積與疊加。這些資源分散來看，哪些是你最強的，是你應該維護好的，哪些是你偏弱的，是你需要不斷加強的；合起來看，這些資源能支撐你處於哪個平面，對於你的未來發展支持是不是夠用、是不是均衡。

外部（公司）資源是公司能給你的發展支持，包括公司的環境、學習的機會、資金實力、品牌支持等等。這些資源對我們來說可以是非常重要的作用，它就好比演員的舞台、道具，就算你的演技再高超，離開了道具、舞台，你也會無能為力的。

兩種資源要充分結合好，以自身資源為本，借助、用好外部（公司）資源，兩者相得益彰，藉此提升自己的能力，正所謂「好馬配好鞍」。

最後，中層管理者還要學會用權。關鍵是兩點：一是善於爭取權力，一是用好權力。中層管理者已被授予了一定的權力，一般來說，職、權都是配套的，擔任什麼樣的職位，公司就會賦予你什麼樣的權力，在你的權力範圍內，進行你的決斷。如果你對在現有權力範圍內做事感到束縛了，或做事遊刃有餘了，你就必須向上溝通、要權。這一方面是為了把事情做得更好，提升自己的能力；另一方面是為了最大限度的展現自己，能在更重要的職位為公司出力，於公於私都有利。在這兩種情況下，我們對權力的追求都不要謙虛。

中層管理者用好權力，但是要把握好集權與分權的分寸，千萬不要把該抓的權分發，也不要把該分的權牢牢握在自己手中。前者造成無序、混亂，後者會成為一人團隊、一人公司。

雖然中層管理者現在負責的部門、擔任的工作相對較窄，但你不要把自身局限於手頭事務中，要當個有心人，去留意各部門運作管理，或者主動擔當參謀，有意識的鍛鍊自己。思考問題時把自己提高一個層面，站的更高方能看的更遠。

國家圖書館出版品預行編目資料

夾心之苦！中層危機與企業生存：中層 忠誠，拿了年終就跳槽，企業的中空危機 / 楊仕昇，江天著. -- 第一版. -- 臺北市：沐燁文化事業有限公司, 2024.01

面； 公分

POD 版

ISBN 978-626-7372-14-2(平裝)

1.CST: 中階管理者 2.CST: 組織管理

494.23 112021401

夾心之苦！中層危機與企業生存：中層 忠誠，拿了年終就跳槽，企業的中空危機

作　　者：楊仕昇，江天 著

發 行 人：黃振庭

出 版 者：沐燁文化事業有限公司

發 行 者：沐燁文化事業有限公司

E-mail：sonbookservice@gmail.com

粉 絲 頁：https://www.facebook.com/sonbookss/

網　　址：https://sonbook.net/

地　　址：台北市中正區重慶南路一段六十一號八樓 815 室

Rm. 815, 8F., No.61, Sec. 1, Chongqing S. Rd., Zhongzheng Dist., Taipei City 100, Taiwan

電　　話：(02) 2370-3310　傳　　真：(02) 2388-1990

印　　刷：京峯數位服務有限公司

律師顧問：廣華律師事務所 張珮琦律師

定　　價：320 元

發行日期：2024 年 01 月第一版

◎本書以 POD 印製